U0159224

时空地理加权回归
方法原理与应用

赵阳阳　杨　毅　刘纪平　张福浩 ◎ 著

西南交通大学出版社
· 成　都 ·

图书在版编目（CIP）数据

时空地理加权回归方法原理与应用／赵阳阳等著
. 一成都：西南交通大学出版社，2022.8
ISBN 978-7-5643-8823-2

Ⅰ. ①时… Ⅱ. ①赵… Ⅲ. ①测绘－地理信息系统－
研究 Ⅳ. ①P208

中国版本图书馆 CIP 数据核字（2022）第 144331 号

Shikong Dili Jiaquan Huigui Fangfa Yuanli yu Yingyong
时空地理加权回归方法原理与应用

赵阳阳　杨　毅　刘纪平　张福浩　著

责任编辑	孟秀芝
封面设计	何东琳设计工作室
	西南交通大学出版社
出版发行	（四川省成都市金牛区二环路北一段 111 号
	西南交通大学创新大厦 21 楼）
发行部电话	028-87600564　028-87600533
邮政编码	610031
网址	http://www.xnjdcbs.com
印刷	四川永先数码印刷有限公司
成品尺寸	170 mm×230 mm
印张	13.25
字数	203 千
版次	2022 年 8 月第 1 版
印次	2022 年 8 月第 1 次
书号	ISBN 978-7-5643-8823-2
定价	68.00 元

序 ‖ FOREWORD

地理信息系统（geographic information system，GIS）在时空数据的分析挖掘中已形成了完整、科学的理论和方法体系，并被广泛应用于测绘航天、城市规划等专业领域。空间分析是基于地理对象位置和形态特征的空间数据分析技术，它试图用数学和几何学来解释人类行为的模式及其空间表达。1970—1980 年是计量地理学方法或现代空间分析方法发展过程中非常重要的时代，在这一时期围绕地理现象的空间本质或地理数据的空间性质，建立起了地理信息科学的空间分析方法或体系。Tobler 于 1969 年提出了描述地理现象空间作用关系的"地理学第一定律"。Tobler 指出"任何事物都是空间相关的，距离近的事物的空间相关性大"，这一定律的提出使得地理现象的空间相关性和异质性特征在研究中得到重视。

地理加权回归（geographically weighted regression，GWR）是一种局部空间分析技术，借鉴了用于曲线拟合和平滑应用统计方法。该方法基于一个简单而强大的想法——使用以焦点为中心的观察子集来估计局部模型。由于具有在回归分析中研究非平稳关系的潜力，GWR 自推出以来迅速吸引了地理学和其他领域研究人员的注意。

　　作者常年探索时空地理加权回归方法及其应用，取得了一些研究成果，为 GIS 空间分析提出了新的方法，也希望通过《时空地理加权回归方法原理与应用》这本专著的总结和出版，为 GIS 空间分析技术的发展做出贡献。希望相关领域的学者或技术人员投身其中，不断丰富和完善时空地理加权回归方法，并及时与大家共享。

作　者

2021 年 12 月

前 言 ‖ PREFACE

随着对地观测系统、移动互联、基于位置的服务技术不断发展，产生了大量时空数据。这些数据中隐藏着丰富的知识，为人们进一步从地理空间视角定量理解社会经济环境提供了一种新的手段。时空数据挖掘能够提升时空数据的分析能力，挖掘出深层次的时空规则和知识，更好地理解地理现象的时空演变规律。

空间数据在地理学、经济学、环境学、生态学以及气象学等众多领域中广泛存在。Tobler "地理学第一定律"描述了地理现象的空间作用关系。不同于传统的截面数据，空间数据的空间相关性会导致回归关系的空间非平稳性（空间异质性）。地理加权回归可以用来识别局部系数与整体系数偏差最大的地方，建立测试来评估现象是否具有非平稳性，并定量描述非平稳特征。

地理加权回归通过关于位置的局部加权回归分析模型求解，以随着空间位置不同而变化的参数估计结果，量化反映空间数据关系中的异质性或非平稳性特征。地理加权回归技术已在众多领域内广泛应用，逐渐成为重要的空间关系异质性建模工具之一。时空地理加权回归（geographically and temporally weighted regression，GTWR）模型是一种考虑时空相关性和时空非平稳性的动态模型，是对地理加权回归的继承和发展。

本书相关内容是在 GTWR 的基础上做的一些拓展。全书共分 10 章。第 1 章绪论，主要叙述了地理加权回归的研究现状。第 2 章时空地理加权回归基本理论，在这一章详细阐述了地理加权回归、时空地理加权回归的模型原理和估计方法，以及时空非平稳性检验方法。第 3 章时空地理加权回归的共线性诊断方法，本章介绍了全局共线性诊断方法、时空地理加权回归共线性诊断方法的原理，并使用模拟数据对方法进行了验证。第 4 章时空地理加权回归的特征变量选取方法，特征变量的选取是建立时空地理加权回归的前提，其结果直接影响回归模型的优劣性。在这章介绍了使用贪心算法和逐步回归方法进行特征变量选取的原理以及算法流程，并以长江中下游地区人口分布与影响因素关系为数据，进行应用分析。第 5 章时空地理加权混合回归方法，本章介绍了混合地理加权回归、顾及全局平稳特征的时空地理加权回归方法原理，并进行了方法验证和应用。第 6 章时空地理加权的自回归方法，本章介绍了时空地理加权自回归、时空地理加权自回归的两阶段最小二乘估计方法以及时空地理加权自回归方法的验证和应用。第 7 章局部多项式时空地理加权回归方法，本章介绍了局部多项式时空地理加权回归方法原理、基于泰勒级数的加权最小二乘估计方法，以及方法的验证和应用。第 8 章时空卷积神经网络加权回归方法，本章结合神经网络算法改进了时空地理加权回归算法，进一步提升拟合效果，开展了北京市房价应用分析。第 9 章时空地理加权的半监督回归方法，本章从半监督学习入笔介绍了时空地理加权半监督回归方法的原理和算法流程，并使用模拟数据对该方法进行了验证。第 10 章结论与展望，本章对前 9 章的内容做了总结归纳，并对今后的工作重点进行了阐述。本书较系统地反映了作者在时空地理加权回归方面的主要成果。

本书的出版得到了国家自然科学基金"基于分布式的稳健时空地理加权回归估计方法研究"（No.42001343）等项目的资助，得到了中国测绘科学研究院和江苏海洋大学的大力支持。

本书基于中国测绘科学研究院地理空间大数据研究团队多年的积累，主要内容来自赵阳阳和杨毅博士的博士论文，刘纪平和张福浩对本书结构进行设计，并对内容进行了指导。本书编辑和校对工作得到了杨旭初、柴正媛、杨肖月、李栋等同学的支持，在此表示感谢。

由于时间、资料、知识等多方面的局限性，书中疏漏在所难免，望对这一领域有兴趣的读者、专家不吝赐教，使作者完善本书。

作　者

2022 年 3 月

目 录 ‖ CONTENTS

第1章
绪　论

随着对地观测技术不断发展，地理实体与现象的最新状态能够实时通过传感器传输，经过长期的积累与不断地更新，产生了大量的时空数据。利用这些海量空间数据中的信息来增强人们获取知识的能力，是时空数据挖掘所要解决的重要问题。时空数据挖掘能从具有海量、高维、噪声的时空数据中提取出隐含的、有用的信息及知识，它不仅表现了地理对象横向的空间分布规律，也表达出纵向的时间变化过程。时空数据挖掘可用于管理时空数据、描述时空关系，表达地理对象的时空分布规律。时空建模是时空数据挖掘的关键和核心，提高时空建模和分析能力一直是地理信息科学的主要关注点。研究新的时空建模和分析方法，解决当前时空数据挖掘遇到的瓶颈，提升时空建模和分析能力，对于更好地理解社会现象和环境的动态变化过程具有重要意义。

回归分析是数据建模和分析的重要内容。在地理学中，回归分析通过对地理要素进行大量的观测，利用数理统计方法建立地理要素因变量与自变量之间的回归关系函数表达式，根据地理要素事物发展变化的相关关系来预测空间或时间的发展走势，是研究地理要素相互关系的定量估计方法。地理加权回归和时空地理加权回归是回归分析方法在地理学中的深化和发展，它们在回归分析中考虑了地理要素的空间非平稳和时空非平稳特征，对于揭示地理环境与现象的时空分布及发生发展规律具有重大的理论价值与实践意义。

1.1 地理加权回归研究现状

国内外学者对地理加权回归理论进行了深入研究。1996 年，Fotheringham 等基于局部光滑思想提出地理加权回归模型及加权最小二乘估计方法（least square estimation，LSE）。Farber S. 以 2000 年 7 月至 2001 年 6 月多伦多的房屋销售价格数据为例，研究了不同局部模型的估计方法[1]。Páez A.等给出了 GWR 模型的最大似然估计（maximum likelihood estimation，MLE）和假设检验方法[2]。2007 年，覃文忠给出了地理加权回归模型的原理和数学表达形式，从地理加权回归结构及其原理角度出发，对核函数选择、最优带宽设置、系数估计以及模型假设检验等内容进行研究，并以上海市住宅销售平均价格为例，结合空间尺度进行了回归分析；玄海燕等利用最小二乘原理，得出了模型的拟合方法和窗宽参数确定方法以及模型中回归关系的全局平稳性检验方法和各回归系数随空间位置变化的平稳性检验方法。2009 年，David C. Wheeler 和 Lance A. Waller 提出了地理加权回归的贝叶斯回归系数处理模型。该模型能够减少回归系数方差和模型估算过程中的不确定性，但此方法和地理加权回归相比，需要较大的先验方差。2014 年，Lu B.等分别基于欧氏距离和道路距离等非欧氏距离（最短路径和通行时间）构建地理加权回归模型，对伦敦的房屋价格进行预测。实验结果表明，道路距离相对于欧氏距离更贴近真实世界，拟合优度也更高。同时，提出了基于地理加权回归的特征选择方法，分别基于 AIC 值进行前向特征变量选择，给出了 GWR 模型最优特征因子的选择方法[3]。2015 年，Lu B.等进一步分析了非欧氏距离中的马氏距离对地理加权回归的影响，通过构造规则格网的模拟数据验证方法的有效性。在最理想的距离度量单元未知时，证明马氏距离能够提供更为准确的系数估计结果，即没有合适的距离度量如通行时间和通行距离时，马氏距离可以作为更为有益的补充，更加适用于城市地区的地理加权回归模型估计[3]。Song W.等以 GWR 为研究模型，研究了珠江三角洲 2012 年 5 月至 2013 年 9 月 PM2.5 的空间非平稳性，与多元线性回归和半经验模型相比，预测能力有了显著改进[4]。Leung Y.等提出了地理加权回归非平稳性的假设检验方法，主要通过构造统计量，对模型和参数的非平稳性进行假设检验，并提出用逐步回归的方法选取重要的变量。为了验证提出方法的有效性，通过模型数据，验证了方法的可行性，研究成果给出了地理加权回归非平稳性假设检验的普遍方法。GWR 模型的异常点会导致回归系数的错误估计并造成潜在回归关系的错误解释。因此，Zhang H.等提出了局部线性地理加权回归方法（local linear geographically weighted regression，LGWR）。该方法基于二元泰勒级数展开方法逼近粗差点的回归系数，用逼近后的回归系数估计结果代替实际的粗差点。模拟试验的结果表明，LGWR 的抗粗差能力较强，能够较好地反演回归系数平面。Wu Z.等指出对渔业数据的分析常采用全局模型，没有考虑空间的异质性，并提出用 GWR 代替全局逻辑回归等模型预测加拿大北部鳕鱼的空间分布。结果表明，GWR 模型取得了较好的拟合效果，大幅度减少了模型残差的空间自相关性[5]。Wheeler D. C.等分别对贝叶斯空间回归模型和地理加权回归模型进行比较，指出贝叶斯方法能够解决 GWR 模型的多重共线性问题，即可以减少膨胀系数方法，增强模型的可扩展性[6]。Wang N.和 Cho S. H.等以中国的农业数据为例，将 GWR 模型的交叉验证（cross validation，CV）法和拉格朗日乘数选取最优带宽的方法进行了比较，得出了 CV 法不容易出现回归系数的异常点，但容易产生误差项自相关；拉格朗日乘数法容易产生回归系数的异常点现象[7-8]。地理加权回归方法受最小二乘准则的限制，对回归系数的估计会产生异常点。因此，Zhang H.等提出了局部线性地理加权回归方法，用以在估计过程中自动减少异常点的影响，并以模拟实验验证该方法可以减少异常点的影响且存在异常点的情况下能够较好地反演回归系数平面[9]。Cromley R. G.等以房屋特征价格数据为例，研究了地理加权回归系数异常点的检验，实验表明稳健地理加权回归方法能够有效地解决回归系数异常点的问题[10]。Propastin P. 提出了改进的地理加权回归方法，用于热带雨林地区遥感森林生物量的估计，与传统地理加权回归模型方法相比，将角度加入地理加权核函数，以处理水平和高程因素的影响。相比 GWR 模型，Propastin P. 提出的方法显著改进了森林生物量的预测精度[11]。Yu X. 等结合地理加权回归和支持向量机方法，进行山体滑坡制图，并以万州为研究区域，首先用地理加权回归将研究区域划分为多个小区域，在每个区域内用粒子群优化选取支持向量机的最优参数[12]。

1.2 时空地理加权研究现状

2010 年，Huang B. 等提出地理加权回归模型没有考虑时间特征，需要进行改进。基于此，Huang B. 提出了时空地理加权回归模型，即考虑回归系数不仅随位置变化而变化，也随时间变化而发生变化，提出了时空地理加权回归模型的估计方法。时空核函数的构建是 GTWR 模型估计的关键环节。Huang B. 等从理论上证明了 GTWR 模型的时空核函数等于空间核函数乘以时间核函数，GTWR 模型的估计只需将 GWR 模型的空间核函数换成时空核函数，之后为了减少计算复杂度，给出用时空因子替换时间因子和空间因子的理论证明。同时，以卡尔加里的房屋特征价格数据为例，在统计指标方面验证了 GTWR 显著优于多元线性和地理加权回归方法。肖宏伟等依据 2006—2011 年我国省级区域面板数据，采用了时空地理加权回归模型对碳排放规模和碳排放强度的影响因素的时空差异性进行了研究，实验结果显示，大部分变量的时空系数估计值显著，各个因素的影响在不同区域存在着明显的空间异质性，且呈一定的空间梯度分布。高丽群研究了时空地理加权回归模型，重点探讨了此模型在删除数据上系数函数的估计及删除观测点后对整个模型的影响，且明确了核函数的选择方法[13]。张金牡等利用时空地理加权回归模型对深圳市的城市住宅价格进行了统计回归分析，结果显示，该模型不仅能分析影响住宅价格各因素的空间差异性，还能揭示时间的差异性，得出了各类因素对住宅价格的影响有着时间和空间的变化，实验结果还表明了采用 GTWR 模型较普通最小二乘（ordinary least square，OLS）和 GWR 模型更有优越性。Chu H. J. 等利用台湾 2005 年到 2009 年的 PM 数据，定量研究 PM10 和 PM2.5 的关系。首先用模糊均值进行聚类，分别用多元线性回归模型、地理加权回归和时空地理加权回归模型进行试验。结果表明，GTWR 和 GWR 模型的结果较为一致，但是 GTWR 的结果拟合效果更优，并且时空解释能力更强。实验结果还表明，PM2.5 或者 PM10 存在时间和空间的非平稳性，其非平稳性依赖于天气状况、土地利用和废弃排放的空间分布[14]。Bai Y. 等提出用 AOD、相对湿度、风速和温度等指标反演环境污染指数 PM2.5。Wrenn D. H. 等通过一系列蒙特卡洛实验，将地理加权最大似然回归延伸到时空地理加权最大似然回归方法，同时解决空间和时间的非平稳性问题。作者以城市地区发展过程为例，验证了该方法显著优于标准的参数化模型[15]。Fotheringham A. S. 等提出了时空地理加权回归新的估计方法。不同于 Huang B. 提出的降维估计方法（先求解空间带宽，再求解时空因子），Fotheringham A. S. 按年分别求解每年的空间带宽和时间带宽，再构建每年的时空核函数。此方法更接近真实情况，时空地理加权回归结果优于地理加权回归[16]。以江苏、山东、河南和安徽四省交界为研究区域，基于时空地理加权回归模型进行回归预测，结果表明，该方法优于多元线性回归、地理加权回归等方法[17]。Xuan H. 等对时空地理加权回归模型的异方差问题进行了假设检验，并以中国 92 个城市的地区生产总值为例，验证了提出的假设检验方法的有效性[18]。樊子德和龚健雅等在分析了时空数据的异质性和插值方法后，提出了解决时空数据缺失的异质性时空插值方法，并通过两组气象数据验证了提出方法的适用性和可靠性[19]。

1.3 时空地理加权回归应用领域

Aaron van Donkelaar 等利用 MODIS Aerosol Optical Depth（AOD）和 MISR 数据，用反距离加权法（inverse distance weighted, IDW）来提高北美洲地面 PM2.5 浓度的估算精度。Shi 等利用 MODIS AOT 500m 数据，用线性回归方法计算得出 PM2.5 与 AOT 之间的关系，分析了香港地区 PM2.5 与温度、相对湿度、平均海平面气压、风速、风向的关系。Hu 等采用 AOD、气象参数（行星边界层高度、相对湿度、温度、风速）、植被覆盖等数据，对以亚特兰大地铁区为中心的北美地区的 PM2.5 浓度进行估算，研究表明地理加权回归模型能较好地提高 PM2.5 浓度预测的精度。Guo 等采用 AOD 数据、行星边界层高度、相对湿度等数据，分析了北京地区 PM2.5 浓度的变化情况。Hu 等利用美国东南部的数据，对 PM2.5、气象数据（如风速）和土地利用数据（如植被覆盖、道路长度、海拔和排放点等），建立了线性混合效应和地理加权回归两层分析模型，得到了一个连续的估计结果。Ma 等利用地理加权回归模型，研究了 PM2.5 浓度与 AOD、行星边界层高度、温度、风速、相对湿度、气压、土地利用、人口、植被覆盖等的关系。Song 等以珠江三角洲地区为研究区，利用 AOD、温度、湿度、风速、边界层高度等数据，建立 GWR 模型，并与线性回归模型、半经验模型进行对比，结果表明 GWR 模型有效地提升了 PM2.5 浓度的估算精度。Hsin-Ling Yeh 等采用 GWR 方法，研究了 PM2.5 和其他局部危险因素对膀胱癌死亡率的影响。Just A. C. 等研究了墨西哥地区的 PM2.5 浓度与 AOD、温度、相对湿度、行星边界层高度、降雨量、人口量、道路密度之间的关系。Meytar 等采用 AOD 数据，利用混合效应模型，对以色列、圣华金河谷、加利福尼亚中部等地区 PM2.5 浓度进行估算。Xie 等利用混合效应模型研究了北京地区 AOD 和 PM2.5 的关系。Bai 等利用 OLS、

GWR、时间加权回归（temporally weighted regression，TWR）和 GTWR 模型，研究了行星边界层高度、相对湿度、风速、温度等因素与 PM2.5 浓度的关系，结果表明 GTWR 模型对 PM2.5 浓度的估算精度最高。Anton Beloconi 等利用线性混合效应模型，利用 AOT、相对湿度、温度、K 指数建立伦敦地区 PM2.5 估算模型。

第2章
时空地理加权回归模型基本理论

　　时空地理加权回归方法是探测面板数据时空非平稳特征、分析事物相关性和估计拟合值的重要方法，它是在地理加权回归方法的基础上，引入时间因素，将二维的局部空间非平稳发展到三维的局部时空非平稳。因此，地理加权回归方法是时空地理加权回归的基础，时空地理加权回归方法是地理加权回归的扩展和提升，地理加权回归方法和时空地理加权回归方法是研究非平稳特征的重要方法。同时，时空非平稳性检验是对空间模型的时空非平稳性变化进行检验的有效手段。

2.1　地理加权回归模型

2.1.1　模型原理

　　线性回归，是利用数理统计中回归分析，来确定两种及以上变量间相互依赖线性定量关系的一种统计分析方法。线性回归模型包括全局模型和局部模型。全局模型假定在研究区域内回归系数不随空间位置的变化而变化，保持全局一致性。多元线性回归模型是最常见的全局模型之一。局部模型假定在不同区域内回归系数并不相同，随着空间位置的变化而变化。地理加权回归是典型的局部模型。GWR模型认为，回归系数随着空间位置的变化而变化，具有空间非平稳性。以化工厂对可吸入颗粒物PM2.5影响为例，在化工厂附近的区域，可吸入颗粒物的含量较高,空气质量较差;而距离化工厂较远的地区,受化工厂影响较小,可吸入颗粒物的含量相对较低,空间质量较高。因此,化工厂对 PM2.5 的影响不是全局性的,随着距离化工厂远近的位置变化而变化。再以住宅销售价格受"学区房"影响为例,同层次的房屋,被划分到教学质量较高地区的房屋售价会更高,而被划分到教学质量不高地区的住宅销售价格相对较低,说明住宅销售价格受"学区房"的影响不具有全局性,适合用地理加权回归方法进行建模分析[22-24]。

地理加权回归模型的数学表达如下:

$$y_i = \beta_0(u_i, v_i) + \sum_{k=1}^{p} \beta_k(u_i, v_i)x_{ik} + \varepsilon_i, \quad i = 1, 2, \cdots, n \quad (2.1)$$

其中, (u_i, v_i) 为第 i 个样本点的坐标(如经度、纬度); $\beta_k(u_i, v_i)$ 是第 i 个样本点的第 k 个回归系数,取值受到第 i 个样本点的影响; ε_i 是第 i 个样本点的随机误差,服从数学期望为 0、方差为 σ^2 的正态分布,即

$$\varepsilon_i \sim N(0, \sigma^2) \quad (2.2)$$

不同样本点 i 和 j 的随机误差相互独立,协方差为 0,即

$$\text{Cov}(\varepsilon_i, \varepsilon_j) = 0 \, (i \neq j) \quad (2.3)$$

地理加权回归模型可以简写为

$$y_i = \beta_{i0} + \sum_{k=1}^{p} \beta_{ik} x_{ik} + \varepsilon_i, \quad i = 1, 2, \cdots, n \quad (2.4)$$

若 $\beta_{1k} = \beta_{2k} = \cdots = \beta_{nk}$,回归系数不随空间位置变化而变化,上式退化为多元线性回归的全局模型。

2.1.2 估计方法

依据加权最小二乘准则对地理加权回归模型进行估计,分别对每个样本点 i 建立目标函数。第 i 个样本点的目标函数如下:

$$f(\beta_{i0}, \beta_{i1}, \cdots, \beta_{ip}) = \min \sum_{i=1}^{n} w_{ij}(y_j - \beta_{i0} - \sum_{k=1}^{p} \beta_{ik} x_{ik})^2 \quad (2.5)$$

其中, w_{ij} 为第 i 个样本点与其他样本点 j 之间的核函数,与距离 d_{ij} 相

关。回归系数的最小二乘估值 $\hat{\beta}_i$ 可以表示为

$$\hat{\beta}_i = \begin{bmatrix} \hat{\beta}_{i0} \\ \hat{\beta}_{i2} \\ \vdots \\ \hat{\beta}_{ip} \end{bmatrix} \tag{2.6}$$

地理加权回归的空间核函数表示如下:

$$\boldsymbol{W}_i = \begin{bmatrix} w_{i1} & 0 & \cdots & 0 \\ 0 & w_{i2} & \cdots & 0 \\ \vdots & \vdots & & \vdots \\ 0 & 0 & \cdots & w_{in} \end{bmatrix} \tag{2.7}$$

第 i 个样本点的回归参数 $\hat{\beta}_i$ 估计值为[92]

$$\hat{\beta}_i = (\boldsymbol{X}^{\mathrm{T}}\boldsymbol{W}_i\boldsymbol{X})^{-1}\boldsymbol{X}^{\mathrm{T}}\boldsymbol{W}_i\boldsymbol{y} \tag{2.8}$$

其中,自变量 $\boldsymbol{X}$ 和因变量 $\boldsymbol{y}$ 分别为

$$\boldsymbol{X} = \begin{bmatrix} 1 & x_{11} & x_{12} & \cdots & x_{1p} \\ 1 & x_{21} & x_{22} & \cdots & x_{2p} \\ \vdots & \vdots & \vdots & & \vdots \\ 1 & x_{n1} & x_{n2} & \cdots & x_{np} \end{bmatrix}, \quad \boldsymbol{y} = \begin{bmatrix} y_1 \\ y_2 \\ \vdots \\ y_n \end{bmatrix} \tag{2.9}$$

第 i 个样本点观测值 y_i 的拟合值 $\hat{y}_i$ 为

$$\hat{y}_i = \boldsymbol{X}_i\hat{\beta}_i = \boldsymbol{X}_i(\boldsymbol{X}^{\mathrm{T}}\boldsymbol{W}_i\boldsymbol{X})^{-1}\boldsymbol{X}^{\mathrm{T}}\boldsymbol{W}_i\boldsymbol{y} \tag{2.10}$$

这里,$\boldsymbol{X}_i$ 表示矩阵 $\boldsymbol{X}$ 的第 i 行向量。与多元线性回归的帽子矩阵 $\boldsymbol{H}$ 相似,将 $\boldsymbol{S}_i = \boldsymbol{X}_i(\boldsymbol{X}^{\mathrm{T}}\boldsymbol{W}_i\boldsymbol{X})^{-1}\boldsymbol{X}^{\mathrm{T}}\boldsymbol{W}_i$ 称为第 i 个样本点的帽子向量,则 $\hat{y}_i = \boldsymbol{S}_i\boldsymbol{y}$,帽子矩阵 $\boldsymbol{S}$ 为

$$\boldsymbol{S} = \begin{bmatrix} \boldsymbol{S}_1 \\ \boldsymbol{S}_2 \\ \vdots \\ \boldsymbol{S}_n \end{bmatrix} = \begin{bmatrix} \boldsymbol{X}_1(\boldsymbol{X}^{\mathrm{T}}\boldsymbol{W}_1\boldsymbol{X})^{-1}\boldsymbol{X}^{\mathrm{T}}\boldsymbol{W}_1 \\ \boldsymbol{X}_2(\boldsymbol{X}^{\mathrm{T}}\boldsymbol{W}_2\boldsymbol{X})^{-1}\boldsymbol{X}^{\mathrm{T}}\boldsymbol{W}_2 \\ \vdots \\ \boldsymbol{X}_n(\boldsymbol{X}^{\mathrm{T}}\boldsymbol{W}_n\boldsymbol{X})^{-1}\boldsymbol{X}^{\mathrm{T}}\boldsymbol{W}_n \end{bmatrix} \tag{2.11}$$

通过帽子矩阵 $\boldsymbol{S}$ 乘以观测值向量 $\boldsymbol{y}$,可以计算求解得到拟合值 $\hat{\boldsymbol{y}}$,

则因变量的拟合值 $\hat{y}$ 为

$$\hat{y} = \begin{bmatrix} \hat{y}_1 \\ \hat{y}_2 \\ \vdots \\ \hat{y}_n \end{bmatrix} = Sy = \begin{bmatrix} S_1 \\ S_2 \\ \vdots \\ S_n \end{bmatrix} y = \begin{bmatrix} X_1(X'W_1X)^{-1}X'W_1 \\ X_2(X'W_2X)^{-1}X'W_2 \\ \vdots \\ X_n(X'W_nX)^{-1}X'W_n \end{bmatrix} y \qquad (2.12)$$

用观测值向量 y 减去拟合值向量 $\hat{y}$，得到残差向量 e：

$$e = \begin{bmatrix} y_1 \\ y_2 \\ \vdots \\ y_n \end{bmatrix} - \begin{bmatrix} S_1 \\ S_2 \\ \vdots \\ S_n \end{bmatrix} y = (I - S)y \qquad (2.13)$$

残差平方和的计算公式为

$$RSS = \sum_{i=1}^{n} e_i^2 = e^{\mathrm{T}}e = [(I-S)y]^{\mathrm{T}}(I-S)y$$
$$= y^{\mathrm{T}}(I-S)^{\mathrm{T}}(I-S)y \qquad (2.14)$$

2002 年，Stewart 和 Fotheringham 等提出，地理加权回归模型的有效参数是 $2\mathrm{tr}(S) - \mathrm{tr}(S^{\mathrm{T}}S)$。$\mathrm{tr}(S)$ 非常接近 $\mathrm{tr}(S^{\mathrm{T}}S)$，因此有效参数可以近似为 $\mathrm{tr}(S)$，地理加权回归模型的自由度 df 为 $n - \mathrm{tr}(S)$。

均方由残差平方和除以自由度 df 计算得到：

$$\sigma^2 = \frac{RSS}{df} \qquad (2.15)$$

因此，地理加权回归的均方计算公式为

$$\sigma^2 = \frac{\varepsilon^{\mathrm{T}}(I-S)^{\mathrm{T}}(I-S)\varepsilon}{n - \mathrm{tr}(S)} \qquad (2.16)$$

回归系数的方差为

$$\mathrm{Var}[\hat{\beta}(u_i, v_i)] = SS^{\mathrm{T}}\sigma^2 \qquad (2.17)$$

2.1.3 核函数

地理加权回归模型的核函数包括固定型（Fixed）和调整型（Adaptive）两种。固定型核函数是指给定最优带宽（类似于缓冲区分析的缓冲区半径），在带宽范围内，使得地理加权模型的拟合效果最优，如图 2-1 所示。调整型核函数并不给定最优带宽值，而是给定与估测点邻接的 n 个点，使得拟合效果最优，如图 2-2 所示。

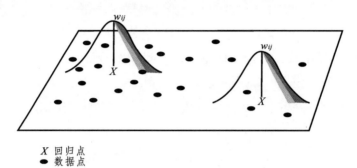

X 回归点
● 数据点

图 2-1 固定型核函数

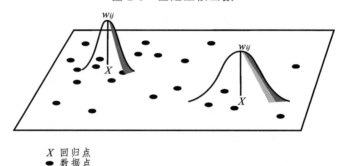

X 回归点
● 数据点

图 2-2 调整型核函数

地理加权回归模型的空间带宽是样本点所影响的空间范围，该范围以样本点为圆心，带宽为半径；时空地理加权回归模型的时空带宽则是时空维围绕样本点的时空距离。

地理学第一定律认为空间相近的地物比相远的地物具有更强的相关性。根据这一思想，在估计样本点 i 的回归系数时，对样本点的邻域给予更多的关注，通过选取连续单调递减函数来表示权重和距离之间的关系，最常用的核函数是距离倒数权，其计算公式为

$$w_{ij} = \frac{1}{d_{ij}^a} \tag{2.18}$$

其中，d_{ij}^a 为样本点 i 和样本点 j 之间的空间距离；w_{ij} 为样本点 i 和样本

点 j 之间的权重值；a 为常数，当 a 取值为 1 或 2 时，对应的是距离倒数和距离倒数的平方。此方法的缺点是对回归点本身也是样本数据点的情况，会出现回归点观测值权重无穷大的问题，若要从样本数据中剔除又会大大降低参数估计精度，所以不适用于地理加权回归模型的估计。地理加权回归模型常用的核函数包括高斯（Gauss）和近高斯（Bisquare）核函数。高斯核函数的数学表达如下：

$$w_{ij} = \exp\left[-\left(\frac{d_{ij}}{h}\right)^2\right] \tag{2.19}$$

其中，带宽 h 描述了权重与距离非负递减关系的参数。当带宽为 0 时，样本点 i 的权值为 1，其他各样本点的权值均趋于 0，会出现点预测自身的过拟合问题；当带宽趋于无穷大时，所有样本点的权值都趋于 1，权重成为单位矩阵，局部加权最小二乘估计变为普通线性回归模型的最小二乘方法。对于某个给定的带宽，当 $d_{ij}=0$ 时，$w_{ij}=1$，权重达到最大，随着数据点离回归点距离的增加，w_{ij} 逐渐减小，当 j 点离 i 点较远时，w_{ij} 接近于 0，即这些点对回归点的参数估计几乎没有影响。

高斯核函数在计算每个样本点自变量的回归系数时，均需要其他样本点参与计算，为了提高数据量较大时模型的计算效率，Bisquare 核函数以近高斯函数来代替高斯核函数，其数学表达为

$$w_{ij} = \begin{cases} \left[1-\left(\frac{d_{ij}}{h}\right)^2\right]^2, & d_{ij} \leq h \\ 0, & d_{ij} > h \end{cases} \tag{2.20}$$

Bisquare 方法指定样本点 i 的距离范围 h，在地理范围内，通过近高斯函数计算数据点权重，在带宽外的数据点权重为 0，在距离为 h 附近的数据点权重接近 0。

2.1.4 最优带宽选择

核函数带宽对地理加权回归模型的估计结果有很大影响，带宽过

大时会纳入对估计结果影响不大的点，带宽太小时会导致估计结果的过拟合。因此，需要选取合适的带宽以确保地理加权回归估计的准确性。目前常用的带宽选择方法包括 CV 法和 Akaike 信息量准则（akaike information criterion，AIC）法。

2.1.4.1　CV 法

CV 法即首先根据研究区域的地理范围，给出带宽选择的带宽范围。随后在该带宽范围内遍历带宽值，计算得到最优空间带宽 h 和对应的 CV 值，即最优空间带宽 h。在实际应用中，经常将数据（包括地理范围）进行归一化处理，以便于给出带宽范围[22]。

CV 的数学表达为

$$CV = \frac{1}{n}\sum_{i=1}^{n}[y_i - \hat{y}_{\neq i}(b)]^2 \tag{2.21}$$

遍历每个样本点 i 时，$\hat{y}_{\neq i}(b)$ 不能包括该样本点 i，而只用其带宽领域范围的点进行计算。其原因是该样本点 i 距自身的距离为 0，权重很大，会导致估计结果过拟合。

下面以模拟数据来说明空间带宽的选择方法。

参考覃文忠和 Leung 的模拟数据生成方法[25-26]，首先构建边长为1000 个单位值的正方形（横坐标 u、纵坐标 v 的范围均为[0,100]），随后为了模拟时空数据，增加时间维 t，其取值范围为[0,100]。此时，构成了时空三维坐标系统，如图 2-3 所示。在该时空三维立方体范围内均匀选取 1000 个模拟数据。模拟数据公式如下所示：

$$y = (u+v) + \ln\left(\frac{1+u+t}{5}\right)x + \varepsilon \tag{2.22}$$

其中，x 表示自变量，服从均值为 0、方差为 1 的正态分布，$x \sim N(0,1)$，y 表示因变量。u，v，t 表示空间和时间变量，均服从均匀分布，$u \sim U(0,100)$，$v \sim U(0,100)$，$t \sim U(0,100)$。

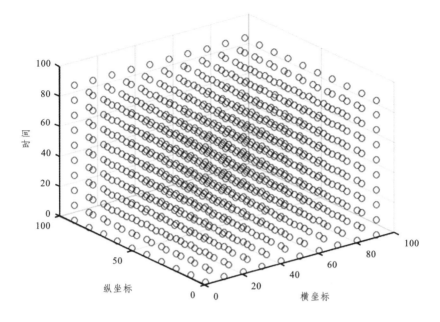

图 2-3　模拟数据时空点位分布

对地理加权回归模型的最优空间带宽进行选择时，带宽较小，参与回归运算的样本点较少，因此构建的回归模型并不稳定，CV 值较大。随着空间带宽增大，模型趋于稳定，此时的空间带宽即最优空间带宽。当空间带宽继续增大时，会有部分的噪声点也加入模型，模型稳定性下降，CV 值增加。模拟数据基于 CV 法选取的最优空间带宽为 16，如图 2-4 所示。

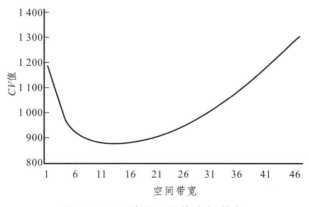

图 2-4　CV 法选取最优空间带宽

2.1.4.2 AIC 准则法

1974 年，Akaike 提出了 Akaike 信息量准则。回归模型的 AIC 表达式为

$$AIC = n\ln(RSS) + 2q \qquad (2.23)$$

其中，n 为样本点的个数；RSS 为残差平方和；q 为未知参数的个数。

Brunsdon 和 Fotheringham（2002）给出了地理加权回归的 AIC 计算方法，其公式为

$$AIC = 2n\ln(\hat{\sigma}) + n\ln(2\pi) + n\left[\frac{n + \text{tr}(S)}{n - 2 - \text{tr}(S)}\right] \qquad (2.24)$$

其中，n 为样本点个数；σ 为均方根；

$$\hat{\sigma} = \frac{RSS}{n - \text{tr}(S)} \qquad (2.25)$$

AIC 准则在地理加权相关方法中的作用主要有三个方面：

（1）最优带宽或近邻个数选择：对于固定型核函数，给定带宽距离范围，遍历计算 AIC 值，依据 AIC 最小准则，AIC 值最小的带宽即最优带宽；对于调整型核函数，给定近邻个数范围，依据 AIC 最小准则，AIC 值最小的近邻个数即最优近邻个数。

（2）特征选择：从已有的总体特征中选择一个或多个特征子集使得模型的特定指标最优化，即从原始特征中选择出一些最有效特征以降低数据集维度的过程。地理加权回归方法系列方法的特征选择指标是基于 AIC 值最小。

（3）不同模型拟合效果评估：对不同模型的拟合效果评估，除拟合优度 R^2、方差分析等指标外，AIC 值也可以作为重要的评估标准。不同模型之间计算得到的 AIC 值相差超过 3，说明模型的拟合情况有显著差异。AIC 值越小，模型的拟合效果更优[22,27]。

模拟数据基于 AIC 准则选取的最优空间带宽和 CV 法一致，均为

16，如图 2-5 所示。

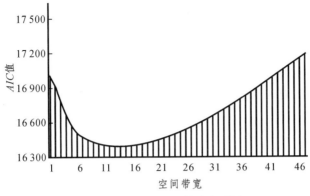

图 2-5　AIC 法选取最优空间带宽

2.2　时空地理加权回归模型

2.2.1　模型原理

地理加权回归方法解决了回归系数随空间位置变化而变化的问题，但是没有解决回归系数随时间的变化问题。因此，Huang B.等在 2010 年将时间维的变化也嵌入地理加权回归模型中，提出了时空地理加权回归模型[27]。GTWR 模型的数学表达如下：

$$y_i = \beta_0(u_i,v_i,t_i) + \sum_{k=1}^{p} \beta_k(u_i,v_i,t_i)x_{ik} + \varepsilon_i, \quad i=1,2,\cdots,n \qquad (2.26)$$

其中，(u_i,v_i,t_i) 为第 i 个样本点的坐标（时间单位如经度、纬度、天）；$\beta_k(u_i,v_i,t_i)$ 是第 i 个样本点的第 k 个自变量的回归系数，由第 i 个样本点的空间位置、时间所决定；ε_i 是第 i 个样本点的随机误差，满足正态分布，数学期望为 0，方差为 σ^2，即

$$\varepsilon_i \sim N(0,\sigma^2) \qquad (2.27)$$

不同样本点 i 和 j 的随机误差相互独立，协方差为 0，即

$$\mathrm{Cov}(\varepsilon_i,\varepsilon_j) = 0 \quad (i \neq j) \qquad (2.28)$$

如果认定模型的时间不发生变化，则系数 $\beta_i(u_i,v_i,t_i)$ 变为 $\beta_i(u_i,v_i)$，模型退化为地理加权回归模型。

时空地理加权回归模型可以简写成

$$y_i = \beta_{i0} + \sum_{k=1}^{p} \beta_{ik} x_{ik} + \varepsilon_i, \quad i = 1, 2, \cdots, n \tag{2.29}$$

2.2.2 估计方法

与地理加权回归加权最小二乘方法估计方法类似，回归系数可通过

$$\min \sum_{j=1}^{n} w_{ij} (y_j - \beta_{i0} - \sum_{k=1}^{p} \beta_{ik} x_{ik})^2 \tag{2.30}$$

进行估计。这里，w_{ij} 为回归点 i 与其他样本点 j 之间地理距离 d_{ij} 的单调递减函数。

自变量 $\boldsymbol{X}$ 和因变量 $\boldsymbol{Y}$ 分别为

$$\boldsymbol{X} = \begin{bmatrix} 1 & x_{11} & x_{12} & \cdots & x_{1p} \\ 1 & x_{21} & x_{22} & \cdots & x_{2p} \\ \vdots & \vdots & \vdots & & \vdots \\ 1 & x_{n1} & x_{n2} & \cdots & x_{np} \end{bmatrix}, \ \boldsymbol{Y} = \begin{bmatrix} y_1 \\ y_2 \\ \vdots \\ y_n \end{bmatrix} \tag{2.31}$$

根据最小二乘准则进行估计（Huang B. 等，2010），第 i 个样本点的回归系数估值 $\hat{\boldsymbol{\beta}}_i$ 为

$$\hat{\boldsymbol{\beta}}_i = (\boldsymbol{X}^{\mathrm{T}} \boldsymbol{W}_i \boldsymbol{X})^{-1} \boldsymbol{X}^{\mathrm{T}} \boldsymbol{W}_i \boldsymbol{y} \tag{2.32}$$

第 i 个样本点因变量的拟合值 $\hat{y}_i$ 为

$$\hat{y}_i = \boldsymbol{X}_i \hat{\boldsymbol{\beta}}_i = \boldsymbol{X}_i (\boldsymbol{X}^{\mathrm{T}} \boldsymbol{W}_i \boldsymbol{X})^{-1} \boldsymbol{X}^{\mathrm{T}} \boldsymbol{W}_i \boldsymbol{y} \tag{2.33}$$

其中，$\boldsymbol{X}_i$ 是 $\boldsymbol{X}$ 矩阵的第 i 行向量，且

$$\boldsymbol{X}_i = (1, x_{i1}, x_{i2}, \cdots, x_{ip}) \tag{2.34}$$

$\boldsymbol{S}_i = \boldsymbol{X}_i (\boldsymbol{X}^{\mathrm{T}} \boldsymbol{W}_i \boldsymbol{X})^{-1} \boldsymbol{X}^{\mathrm{T}} \boldsymbol{W}_i$ 为第 i 个样本点的帽子行向量，所有样本点帽子行向量的全集构成帽子矩阵 $\boldsymbol{S}$：

$$\boldsymbol{S} = \begin{bmatrix} \boldsymbol{S}_1 \\ \boldsymbol{S}_2 \\ \vdots \\ \boldsymbol{S}_n \end{bmatrix} = \begin{bmatrix} \boldsymbol{X}_1 (\boldsymbol{X}^{\mathrm{T}} \boldsymbol{W}_1 \boldsymbol{X})^{-1} \boldsymbol{X}^{\mathrm{T}} \boldsymbol{W}_1 \\ \boldsymbol{X}_2 (\boldsymbol{X}^{\mathrm{T}} \boldsymbol{W}_2 \boldsymbol{X})^{-1} \boldsymbol{X}^{\mathrm{T}} \boldsymbol{W}_2 \\ \vdots \\ \boldsymbol{X}_n (\boldsymbol{X}^{\mathrm{T}} \boldsymbol{W}_n \boldsymbol{X})^{-1} \boldsymbol{X}^{\mathrm{T}} \boldsymbol{W}_n \end{bmatrix} \tag{2.35}$$

通过 S 矩阵乘以观测值向量 y，可以得到拟合值向量 $\hat{y}$。所有样本点的因变量拟合值向量 $\hat{y}$ 可以通过帽子矩阵 S 进行估计：

$$\hat{y} = Sy = \begin{bmatrix} S_1 \\ S_2 \\ \vdots \\ S_n \end{bmatrix} y = \begin{bmatrix} X_1(X^{\mathrm{T}}W_1X)^{-1}X^{\mathrm{T}}W_1 \\ X_2(X^{\mathrm{T}}W_2X)^{-1}X^{\mathrm{T}}W_2 \\ \vdots \\ X_n(X^{\mathrm{T}}W_nX)^{-1}X^{\mathrm{T}}W_n \end{bmatrix} y \qquad (2.36)$$

用观测值向量 y 减去拟合值向量 $\hat{y}$，得到残差向量 e：

$$e = \begin{bmatrix} y_1 \\ y_2 \\ \vdots \\ y_n \end{bmatrix} - \begin{bmatrix} S_1 \\ S_2 \\ \vdots \\ S_n \end{bmatrix} y = (I - S)y \qquad (2.37)$$

残差平方和的计算公式为

$$RSS = e^{\mathrm{T}}e = [(I-S)y]^{\mathrm{T}}[(I-S)y] = y^{\mathrm{T}}(I-S)^{\mathrm{T}}(I-S)y \qquad (2.38)$$

时空地理加权回归的有效参数是 $2\mathrm{tr}(S) - \mathrm{tr}(S^{\mathrm{T}}S)$，由于 $\mathrm{tr}(S)$ 非常接近 $\mathrm{tr}(S^{\mathrm{T}}S)$，因此有效参数可以近似为 $\mathrm{tr}(S)$，地理加权系列方法的有效自由度为 $n - \mathrm{tr}(S)$。

均方是残差平方和除以自由度 df：

$$MS = \frac{RSS}{df} \qquad (2.39)$$

因此，时空地理加权回归的均方计算公式为

$$MS = \frac{\varepsilon^{\mathrm{T}}(I-S)^{\mathrm{T}}(I-S)\varepsilon}{n - \mathrm{tr}(S)} \qquad (2.40)$$

2.2.3 时空核函数

空间核函数（spatial kernel function）没有考虑回归系数随时间的变化情况。因此，需要在空间核函数的基础上构建时空核函数（spatial and temporal kernel function）。首先，介绍时空距离和时间距离、空间距离的关系，随后介绍最优时空带宽选取和时空核函数的构建方法，为了减少模型的未知参数，降低拟合的计算量，给出了时空参数的化简方法。

1）时空距离定义

第 i 个和第 j 个样本点的空间距离 d_{ij}^{S} 为

$$(d_{ij}^{S})^2 = (u_i - u_j)^2 + (v_i - v_j)^2 \tag{2.41}$$

第 i 个和第 j 个样本点的时间距离 d_{ij}^{T} 为

$$(d_{ij}^{T})^2 = (t_i - t_j)^2 \tag{2.42}$$

时空距离有多重表达方式，根据 Huang B.提出的公式，时空距离 d^{ST} 可以定义为时间距离 d^{T} 和空间距离 d^{S} 的线性组合[27]：

$$(d_{ij}^{ST})^2 = \lambda(d_{ij}^{S})^2 + \mu(d_{ij}^{T})^2 = \lambda[(u_i - u_j)^2 + (v_i - v_j)^2] + \mu(t_i - t_j)^2 \tag{2.43}$$

其中，λ，μ 分别为空间距离因子和时间距离因子，用来平衡不同的空间距离尺度（公里、米等）和时间距离尺度（年、月、日）。

2）最优时空带宽确定

根据时空距离的定义，时空带宽 h^{ST} 与空间带宽 h^{S}、时间带宽 h^{T} 也呈线性关系。其中，时空带宽 h^{ST} 和空间带宽 h^{S} 的关系是

$$(h^{ST})^2 = \lambda(h^{S})^2 \tag{2.44}$$

时空带宽 h^{ST} 和时间带宽 h^{T} 的关系是

$$(h^{ST})^2 = \mu(h^{T})^2 \tag{2.45}$$

3）时空核函数构建

时空核函数由时空距离和时空带宽决定。根据时空距离与时间距离、空间距离的关系，时空带宽 h^{ST} 与时间带宽 h^{T}、空间带宽 h^{S} 的关系，给出时空核函数与时间核函数、空间核函数的关系。

空间核函数矩阵第 i 行 j 列元素的表达式为

$$w_{ij} = \exp\left[-\frac{(d_{ij}^{S})^2}{(h^{S})^2}\right] \tag{2.46}$$

时间核函数矩阵第 i 行 j 列元素的表达式为

$$w_{ij} = \exp\left[-\frac{(d_{ij}^{\mathrm{T}})^2}{(h^{\mathrm{T}})^2}\right] \qquad (2.47)$$

时空核函数矩阵第 i 行 j 列元素的表达式为

$$
\begin{aligned}
w_{ij}^{\mathrm{ST}} &= \exp\left\{-\frac{\lambda[(u_i-u_j)^2+(v_i-v_j)^2]+\mu(t_i-t_j)^2}{(h^{\mathrm{ST}})^2}\right\} \\
&= \exp\left\{-\left[\frac{(u_i-u_j)^2+(v_i-v_j)^2}{(h^{\mathrm{S}})^2}+\frac{(t_i-t_j)^2}{(h^{\mathrm{T}})^2}\right]\right\} \\
&= \exp\left\{-\left[\frac{(d_{ij}^{\mathrm{S}})^2}{(h^{\mathrm{S}})^2}+\frac{(d_{ij}^{\mathrm{T}})^2}{(h^{\mathrm{T}})^2}\right]\right\} \qquad (2.48) \\
&= \exp\left\{-\frac{(d_{ij}^{\mathrm{S}})^2}{(h^{\mathrm{S}})^2}\right\}\times\exp\left\{-\frac{(d_{ij}^{\mathrm{T}})^2}{(h^{\mathrm{T}})^2}\right\} \\
&= w_{ij}^{\mathrm{S}}\times w_{ij}^{\mathrm{T}}
\end{aligned}
$$

由式（2.48）可知，时空核函数作为时空地理加权回归估计的基础，其值等于时间核函数乘以空间核函数。

2.2.4 最优时空因子选择

根据时空地理加权回归模型的估计公式可知，GTWR 模型的核函数乘或除非零常数对估计结果不产生影响。根据 GTWR 模型的核函数定义，核函数主要由时空距离和时空带宽决定。由此，可以计算得到新的时空距离 D_{ij}^{ST}：

$$(D_{ij}^{\mathrm{ST}})^2 = \frac{(d_{ij}^{\mathrm{ST}})^2}{\lambda} = [(u_i-u_j)^2+(v_i-v_j)^2]+\tau(t_i-t_j)^2 \qquad (2.49)$$

其中，$\tau = \dfrac{\lambda}{\mu}$，$\tau$ 为时空参数，用于增强或者减少时间维对空间维的影响。在实际应用中，为了减少模型未知参数个数，降低模型估计的计算量，令 $\lambda = 1$，此时仅有一个未知参数 τ，GTWR 模型的核函数可以写成如下形式：

$$\overline{W}_{ij} = \exp\left[-\frac{D_{ij}^2}{(h^{ST})^2}\right] = \frac{W_{ij}}{\lambda} \tag{2.50}$$

时空地理加权回归模型最优时间和空间因子选取的 CV 数学表达为

$$CV(\lambda, \mu) = \frac{1}{n}\sum_{i=1}^{n}[y_i - \hat{y}_{\neq i}(\lambda, \mu)]^2 \tag{2.51}$$

其中，参数 λ 为空间因子、μ 为时间因子；CV 值最小的时间因子 λ、空间因子 μ 即最优时间、空间因子。

时空地理加权回归模型的最优时空因子 τ 选取的 CV 数学表达为

$$CV(\tau) = \frac{1}{n}\sum_{i=1}^{n}[y_i - \hat{y}_{\neq i}(\tau)]^2 \tag{2.52}$$

其中，参数 τ 为时空因子；CV 值最小的时空因子即最优时空因子。

确定最优空间带宽后，选取使得 CV 值或 AIC 值最小的时间和空间因子即最优的时间和空间因子。如图 2-6 所示，其值分别为 3.4 和 7.8。同时，最优时空因子 τ 值为 2.3，使得 CV 值或 AIC 值最小，如图 2-7 所示。

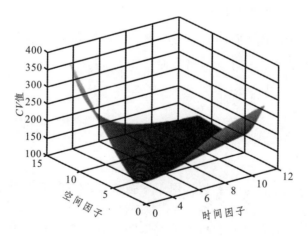

（a）CV 法

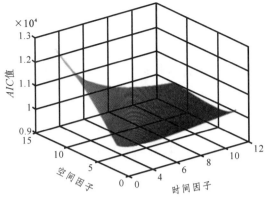

（b）AIC 法

图 2-6 最优时间因子、空间因子选择

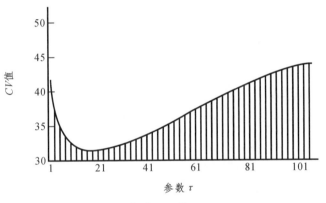

（a）CV 法

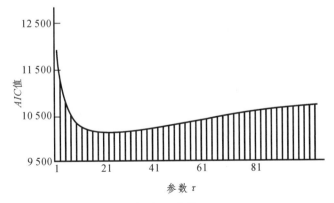

（b）AIC 法

图 2-7 最优时空因子 τ 选择

以基于 CV 法的最优时空因子选择方法为例,说明 CV 法的选取方法。当时空因子较小时,空间距离对估计结果起决定作用,此时,时空地理加权回归模型退化为地理加权回归模型,CV 值较大。当 τ 达到最优值时,空间和时间获得最佳平衡。当 τ 继续增大,空间距离的作用较小而时间距离的作用较大时,时空地理加权回归模型退化为时间加权回归模型,CV 值较大。只有当空间和时间距离均起到作用时,才能够确保模型估计结果达到最优。

图 2-8 给出了分别选取时间点为 1、4、7、9 回归系数的空间分布,证明模拟数据同时存在时间和空间的非平稳性。随着横纵坐标变化,回归系数也相应变化,存在空间非平稳性。而随着时间 t 增加,回归系数也相应增长,说明回归系数存在时间非平稳性。表 2-1 分别从最优空间带宽、因子、拟合优度 R^2、残差平方和等指标对地理加权回归模型、时空地理加权回归模型(参数为时空因子)、时空地理加权回归模型(参数为时间、空间因子)估计结果进行了统计。

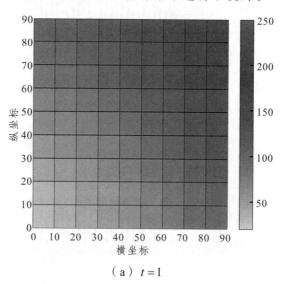

(a) $t = 1$

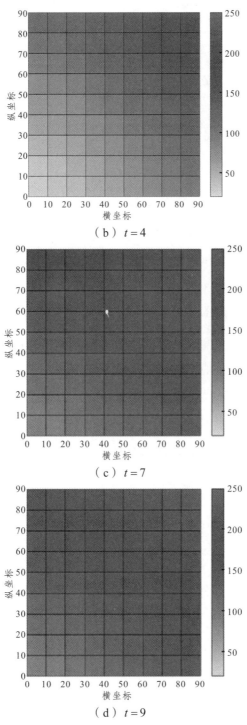

（b）t = 4

（c）t = 7

（d）t = 9

图 2-8　不同时间点回归系数图

表 2-1　不同地理加权系列模型估计结果

	GWR 模型	GTWR 模型 1 （时空因子）	GTWR 模型 2 （时间、空间因子）
空间带宽	16	16	16
最优参数	—	$\tau = 2.3$	$\lambda = 3.4$, $\mu = 7.8$
R^2	0.67	0.98	0.98
RSS	877.44	32.95	32.95
AIC	16 393.89	9830.01	9 830.01

从结果可以看出，时空地理加权回归的拟合效果优于地理加权回归模型，在残差平方和、拟合优度都有了较大提升。其中，残差平方和 RSS 从 877.44 减少到 32.95，R^2 从 0.67 提升到 0.98，AIC 值从 16 393.89 减低到 9 830.01。时空地理加权回归模型能够较好地解释时间和空间的非平稳性。

结果表明，最优时空因子和最优时间、空间因子的估计结果（R^2，RSS，AIC）一致，最优时空因子等于最优时间因子除以最优空间因子，最优时空因子能够替代最优时间、空间因子，该方法能够有效地减少模型中未知参数的个数，从而简化计算。

2.3　时空非平稳性检验

时空非平稳性检验对模型和回归参数的时空变化进行假设检验，包括对全局、局部模型及回归参数的非平稳性检验。全局模型是指多元线性回归模型。局部模型包括地理加权回归模型、时空地理加权回归模型。

2.3.1　模型时空非平稳性检验

假设检验是数理统计学中根据一定假设条件由随机样本推断总体的方法。首先，对总体参数提出一个假设，称为原假设 H_0，与原假设相对的假设称为备择假设 H_1。原假设通常是希望被否定的假设，假定变量之间的关系在总体样本中不存在，而备择假设则是希望基于样本得到的变量之间存在某种关系的结论在总体中成立。因为基于样本的结论可能是由抽样误差造成的，通过假设检验可以确定样本与原假设 H_0 的统计数据不是由抽样误差造成的。即原假设 H_0 正确的可能性很小，从而肯定了备择假设 H_1。

假设检验的步骤是：假设原假设 H_0 正确，将样本统计量转化为服从某一分布的检验统计量，然后对统计量进行度量。如果原假设 H_0 成立情况下的检验统计量落在某区域内，则接受原假设 H_0，该区域称为接受域，接受域之外的区域称为否定域。如果原假设成立时得到的检验统计量落在否定域内，则否定原假设。显著性水平则代表样本的统计值落在否定域内的可能性。

1）空间非平稳性检验

如果模型的所有回归系数都不随空间位置的变化而变化，用全局模型进行建模；如果其随着空间位置发生变化，用地理加权回归方法建立模型[32]。空间非平稳性检验，首先假设其模型呈现全局性，均不随空间、时间的变化而变化，随后对该假设进行显著性检验。原假设认为所有回归系数都不随空间位置变化而变化，备择假设则认为只要有一个回归系数随着空间或时间位置的变化而变化，则不适合采用多元线性全局回归模型，而采用局部回归模型[22]。原假设 H_0 和备择假设 H_1 如下：

$$H_0: y_i = \beta_0 x_{i0} + \beta_1 x_{i1} + \cdots + \beta_p x_{ip} + \varepsilon_i, \quad i = 1, 2, \cdots, n$$

$$H_1: y_i = \beta_0(u_i, v_i) + \sum_{k=1}^{p} \beta_k(u_i, v_i) x_{ik} + \varepsilon_i, \quad i = 1, 2, \cdots, n$$

如果原假设成立，模型不具有空间非平稳性，更适合采用多元线性回归模型而不是地理加权回归模型进行建模；相反，如果备择假设成立，模型随时空变化而变化，适合采用地理加权回归模型而不是多元线性回归模型进行建模。

构建 R_0 和 R_1 矩阵：

$$R_0 = (I - S_0)^{\mathrm{T}}(I - S_0) \tag{2.53}$$

$$R_1 = (I - S_1)^{\mathrm{T}}(I - S_1) \tag{2.54}$$

其中，S_0 是多元线性回归模型的帽子矩阵；S_1 是时空地理加权回归模型的帽子矩阵。

$$S_0 = \begin{bmatrix} X_1(X^{\mathrm{T}}X)^{-1}X^{\mathrm{T}} \\ X_2(X^{\mathrm{T}}X)^{-1}X^{\mathrm{T}} \\ \vdots \\ X_n(X^{\mathrm{T}}X)^{-1}X^{\mathrm{T}} \end{bmatrix} \tag{2.55}$$

$$S_1 = \begin{bmatrix} X_1(X^{\mathrm{T}}W(u_1,v_1)X)^{-1}X^{\mathrm{T}}W(u_1,v_1) \\ X_2(X^{\mathrm{T}}W(u_2,v_2)X)^{-1}X^{\mathrm{T}}W(u_2,v_2) \\ \vdots \\ X_n(X^{\mathrm{T}}W(u_n,v_n)X)^{-1}X^{\mathrm{T}}W(u_n,v_n) \end{bmatrix} \tag{2.56}$$

令

$$v = \mathrm{tr}(R_0 - R_1) \tag{2.57}$$

$$v' = \mathrm{tr}[(R_0 - R_1) \times (R_0 - R_1)] \tag{2.58}$$

$$\delta = \mathrm{tr}(R_1) \tag{2.59}$$

$$\delta' = \mathrm{tr}(R_1 \times R_1) \tag{2.60}$$

如果 $x_1, x_2, \cdots, x_n$ 是 n 个独立分布的随机变量，且服从正态分布，则 $x_i \sim N(\mu, \sigma^2)(i = 1, 2, \cdots, n)$。将每个 x_i 分别标准化，对所得的 n 个随机变量平方求和，把总和作为一个随机变量，则服从自由度为 n 的 χ^2 分布记作 Q：

$$Q = \left(\frac{X_1 - \mu_1}{\sigma_1}\right)^2 + \left(\frac{X_2 - \mu_2}{\sigma_2}\right)^2 + \cdots + \left(\frac{X_n - \mu_n}{\sigma_n}\right)^2 \tag{2.61}$$

如果将两个独立的服从分布的随机变量分别除以相应的自由度后求比值，该比值作为一个随机变量将服从 F 分布，F 分布有两个自由度。如果 $X \sim \chi^2(m)$，$Y \sim \chi^2(n)$，且 X, Y 相互独立，则服从分子自由度为 m、分母自由度为 n 的 F 分布。

$$W = \left(\frac{X}{m}\right) \Big/ \left(\frac{Y}{n}\right) \sim F(m, n) \tag{2.62}$$

构建 F 统计量：

$$F = \frac{\dfrac{(y^{\mathrm{T}} \boldsymbol{R}_0 y) - (y^{\mathrm{T}} \boldsymbol{R}_1 y)}{v}}{\dfrac{y^{\mathrm{T}} \boldsymbol{R}_1 y}{\delta}} \tag{2.63}$$

给定显著性水平 α 等于 0.05，如果 p_1 小于 α，则接受原假设。服从自由度为 (F_1, F_2) 的 F 分布，其自由度 F_1 和 F_2 的计算公式为

$$F_1 = \frac{v^2}{v'} \tag{2.64}$$

$$F_2 = \frac{\delta^2}{\delta'} \tag{2.65}$$

全局非平稳性假设检验的 p 值如下：

$$p_1 = P_{H_0^{(1)}}(F_1 > f_1) \tag{2.66}$$

给定显著性水平 α 等于 0.05，如果 p_1 小于 α，则接受原假设，认为不存在空间的非平稳性；否则，如果 p_1 大于 α，则接受备择假设，认为存在空间的非平稳性。

2）时空非平稳性检验

如果模型的所有回归系数不随时间变化仅随空间位置变化，则需用地理加权回归模型进行建模；如果随着时空均发生变化，则用时空地理加权回归方法建立模型。时空非平稳性检验首先假设其模型不随时间变化仅随空间位置变化，随后对该假设进行显著性检验。对回归系数的假设检验，原假设认为所有回归系数都不随时间变化而变化，备择假设则认为只要有一个回归系数随着时空变化而变化，就认为不适合用地理加权回归模型而应该用时空地理加权回归模型。

原假设 H_0 和备择假设 H_1 如下：

$$H_0 : y_i = \beta_0(u_i, v_i) + \sum_{k=1}^{p} (u_i, v_i) x_{ik} + \varepsilon_i, \quad i = 1, 2, \cdots, n$$

$$H_1 : y_i = \beta_0(u_i, v_i, t_i) + \sum_{k=1}^{p} \beta_k(u_i, v_i, t_i)x_{ik} + \varepsilon_i, \quad i = 1, 2, \cdots, n$$

构建 $\boldsymbol{R}_0$ 和 $\boldsymbol{R}_1$ 矩阵：

$$\boldsymbol{R}_0 = (\boldsymbol{I} - \boldsymbol{S}_0)^{\mathrm{T}}(\boldsymbol{I} - \boldsymbol{S}_0) \tag{2.67}$$

$$\boldsymbol{R}_1 = (\boldsymbol{I} - \boldsymbol{S}_1)^{\mathrm{T}}(\boldsymbol{I} - \boldsymbol{S}_1) \tag{2.68}$$

其中，$\boldsymbol{S}_0$ 是地理加权回归模型的帽子矩阵；$\boldsymbol{S}_1$ 是时空地理加权回归模型的帽子矩阵。

$$\boldsymbol{S}_0 = \begin{bmatrix} \boldsymbol{X}_1(\boldsymbol{X}^{\mathrm{T}}\boldsymbol{W}(u_1, v_1)\boldsymbol{X})^{-1}\boldsymbol{X}^{\mathrm{T}}\boldsymbol{W}(u_1, v_1) \\ \boldsymbol{X}_2(\boldsymbol{X}^{\mathrm{T}}\boldsymbol{W}(u_2, v_2)\boldsymbol{X})^{-1}\boldsymbol{X}^{\mathrm{T}}\boldsymbol{W}(u_2, v_2) \\ \vdots \\ \boldsymbol{X}_n(\boldsymbol{X}^{\mathrm{T}}\boldsymbol{W}(u_n, v_n)\boldsymbol{X})^{-1}\boldsymbol{X}^{\mathrm{T}}\boldsymbol{W}(u_n, v_n) \end{bmatrix} \tag{2.69}$$

$$\boldsymbol{S}_1 = \begin{bmatrix} \boldsymbol{X}_1(\boldsymbol{X}^{\mathrm{T}}\boldsymbol{W}(u_1, v_1, t_1)\boldsymbol{X})^{-1}\boldsymbol{X}^{\mathrm{T}}\boldsymbol{W}(u_1, v_1, t_1) \\ \boldsymbol{X}_2(\boldsymbol{X}^{\mathrm{T}}\boldsymbol{W}(u_2, v_2, t_2)\boldsymbol{X})^{-1}\boldsymbol{X}^{\mathrm{T}}\boldsymbol{W}(u_2, v_2, t_2) \\ \vdots \\ \boldsymbol{X}_n(\boldsymbol{X}^{\mathrm{T}}\boldsymbol{W}(u_n, v_n, t_n)\boldsymbol{X})^{-1}\boldsymbol{X}^{\mathrm{T}}\boldsymbol{W}(u_n, v_n, t_n) \end{bmatrix} \tag{2.70}$$

令

$$v = \mathrm{tr}(\boldsymbol{R}_0 - \boldsymbol{R}_1) \tag{2.71}$$

$$v' = \mathrm{tr}[(\boldsymbol{R}_0 - \boldsymbol{R}_1) \times (\boldsymbol{R}_0 - \boldsymbol{R}_1)] \tag{2.72}$$

$$\delta = \mathrm{tr}(\boldsymbol{R}_1) \tag{2.73}$$

$$\delta' = \mathrm{tr}(\boldsymbol{R}_1 \times \boldsymbol{R}_1) \tag{2.74}$$

构建 F 统计量：

$$F = \frac{\dfrac{(y^{\mathrm{T}}\boldsymbol{R}_0 y) - (y^{\mathrm{T}}\boldsymbol{R}_1 y)}{v}}{\dfrac{y^{\mathrm{T}}\boldsymbol{R}_1 y}{\delta}} \tag{2.75}$$

服从自由度为 (F_1, F_2) 的 F 分布，其自由度 F_1 和 F_2 的计算公式为

$$F_1 = \frac{v^2}{v'} \tag{2.76}$$

$$F_2 = \frac{\delta^2}{\delta'} \tag{2.77}$$

2.3.2 回归系数时空非平稳性检验

前面对模型是否存在时空非平稳性进行了显著性检验。如果观测数据适用于时空地理加权回归模型，则需要进一步确定随着时间、空间位置的变化而变化的自变量回归系数。可能存在部分自变量回归系数随着时间、空间位置的变化而变化，而另外一些变量不随着时间、空间位置的变化而变化的情况。比如：以某城市可吸入颗粒物 PM2.5 的监测为例，在空间维，城市的温度是不变的，温度对 PM2.5 的影响是全局性的，而分布在城市不同地点的化工厂对 PM2.5 的影响则是局部性的，随地理位置变化而变化；在时间维，城市的温度随时间（如以天为单位）变化，而化工厂的厂址随时间（如以天为单位）没有变化。因此，需要从时间、空间确定自变量回归系数的非平稳性。

回归系数的时空非平稳性检验，需要分别从时间维、空间维、时空混合维对每个自变量回归系数建立原假设和备择假设。下面以第 l 个回归系数 β_l 为例，说明回归系数时空非平稳性的显著性检验过程。

原假设和备择假设如下：

$H_0: \beta_{1l} = \beta_{2l} = \cdots = \beta_{nl}$

$H_1:$ 并非所有的 β_{il} 都相等 $(i = 1, 2, \cdots, n)$

令

$$\gamma_1 = \mathrm{tr}\left[\frac{1}{n}\boldsymbol{B}'\left(\boldsymbol{I} - \frac{1}{n}\boldsymbol{J}\right)\boldsymbol{B}\right] \tag{2.78}$$

$$\gamma_2 = \mathrm{tr}\left[\frac{1}{n}\boldsymbol{B}^{\mathrm{T}}\left(\boldsymbol{I} - \frac{1}{n}\boldsymbol{J}\right)\boldsymbol{B}\right]^2 \tag{2.79}$$

$$\delta_1 = \mathrm{tr}[(\boldsymbol{I} - \boldsymbol{S}_0)^{\mathrm{T}}(\boldsymbol{I} - \boldsymbol{S}_0)] \tag{2.80}$$

$$\delta_2 = \mathrm{tr}[(\boldsymbol{I} - \boldsymbol{S}_1)^{\mathrm{T}}(\boldsymbol{I} - \boldsymbol{S}_1)] \tag{2.81}$$

第 l 个回归系数的方差 v_l^2 为

$$v_l^2 = \frac{1}{n} \sum_{i=1}^{n} \left(\hat{\beta}_{il} - \frac{1}{n} \sum_{i=1}^{n} \hat{\beta}_{il} \right)^2 \tag{2.82}$$

方差 v_l^2 能够反映出样本中回归系数预测值和均值之间的偏离程度。如果预测值较集中，则方差 v_l^2 较小；如果预测值较分散，则方差 v_l^2 较大。全局模型的回归系数不随地理位置变化而变化，方差 v_l^2 为 0。

地理加权回归的方差 $\hat{\sigma}^2$ 为

$$\hat{\sigma}^2 = \frac{RSS}{\mathrm{tr}[(I - S_1)^{\mathrm{T}}(I - S_1)]} \tag{2.83}$$

对第 l 个回归系数构造服从自由度为 (f_1, f_2) 的 F 统计量，F 统计量与其自由度 f_1 和 f_2 的计算公式为

$$F(l) = \frac{v_l^2 / \gamma_1}{\hat{\sigma}^2} \tag{2.84}$$

$$f_1 = \frac{\gamma_1^2}{\gamma_2} \tag{2.85}$$

$$f_2 = \frac{\delta_1^2}{\delta_2} \tag{2.86}$$

$F(r_B, r_S)$ 为服从自由度为 r_B 和 r_S 的 F 分布的随机变量。给定显著性水平 α'，由 F 分布表查得临界值 $F_{1-\alpha'}(r_B, r_S)$，若 $\frac{r_S}{r_B} f(k) > F_{1-\alpha'}(r_B, r_S)$，或 $p(k) < \alpha'$，则拒绝原假设 H_0，反之，则接受原假设 H_0。

F 值越大，支持备择假设；F 值越小，支持原假设。p 值越大，支持原假设；p 值越小，则支持备择假设。给定显著性水平 α，如果 p 值小于 0.05，则原假设被拒绝；否则，接受原假设 H_0。

2.3.3 方法验证

以北京市住宅销售价格为实验数据，分别对 MLR、GWR、GTWR 模型和回归系数的时空非平稳性进行检验，实验结果如表 2-2、表 2-3

所示。首先，从模型的时空非平稳性结果可以看出，该数据存在显著的时空非平稳性，适合用解决时空非平稳性的地理加权系列模型进行建模。其次，该数据除了存在空间非平稳性，也存在时间非平稳性，地理加权回归模型不能解决时间非平稳性问题，因此，对该数据更适合用时空地理加权回归模型进行建模。回归系数的非平稳性结果表明，除了管理费 $\ln PFee$，其他回归系数均存在显著的时空非平稳性。

表 2-2 时空非平稳性模型检验

回归模型	F 值	p 值
MLR	—	—
GWR/MLR	63.445	0
GTWR/MLR	16.880	0

表 2-3 时空非平稳性检验

变量	空间		时空	
	F 值	p 值	F 值	p 值
$Intercept$	6.398	<0.001 *	5.686	<0.001 *
$\ln PRatio$	1.140	0.178	2.844	<0.001 *
$\ln GRatio$	5.032	<0.001 *	1.899	<0.001 *
$\ln FArea$	1.551	<0.001 *	4.111	<0.001 *
$\ln PFee$	1.040	0.389	1.864	0.065
$\ln D_{PriSchool}$	1.453	0.012 *	1.910	<0.001 *
$\ln D_{ShoppingMall}$	1.132	0.190	3.103	<0.001 *
Age	1.435	0.007 *	12.882	<0.001 *

2.4 本章小结

时空地理加权模型在地理加权回归的基础上，将时间非平稳性纳入局部回归模型，解决了空间数据的时空非平稳性问题。本章首先介绍了地理加权回归模型和估计方法，在此基础上给出了时空地理加权回归模型和估计方法。试验结果表明，时空地理加权回归模型优于地理加权回归模型，最优时空因子和最优时间、空间因子模型估计结果一致，用最优时空因子代替时间、空间因子的估计方法能够减少未知参数个数和计算复杂度。同时，实验数据存在着模型和回归参数的时空非平稳特征。

第3章
时空地理加权回归的共线性诊断方法

多重共线性诊断（multicollinearity diagnostic）是空间回归分析的重要步骤，是对模型有效估计的重要前提，其诊断结果可作为建模质量评价的重要依据。针对全局多重共线性方法无法直接用于局部模型的情况，本章提出了适用于地理加权回归和时空地理加权回归模型的加权膨胀因子和加权条件指标-方差分解比方法。以模拟数据为例，测试本章提出方法的有效性，并开展了方法应用。

3.1 全局共线性诊断方法分析

3.1.1 全局多重共线性原理

多重共线性是指设计矩阵的某些数列之间存在线性关系，导致回归参数估计值的标准误增大，估计值的置信区间变宽，显著性检验值变小，估计结果失真或不准确。用多重共线性而不是共线性，因为不能仅仅凭设计矩阵数列之间的两两简单线性相关来判断是否存在共线性问题，还包括某些数列也是其他多个数列向量的线性组合。因此，判断多重共线性问题需要基于设计矩阵来检查列向量组[28-29]。

全局多元线性回归模型回归系数的最小二乘估计为 $\hat{\beta}=(X^\mathrm{T}X)^{-1}X^\mathrm{T}y$。当 $X^\mathrm{T}X$ 存在逆矩阵 $(X^\mathrm{T}X)^{-1}$ 时，设计矩阵 X 列满秩，不存在多重共线性关系。当 $X^\mathrm{T}X$ 不存在逆矩阵时，存在多重共线性关系。

多重共线性包括完全共线性和近似共线性两种。下面以多元线性回归模型为例说明完全共线性和近似共线性。完全多重共线性是指其设计矩阵数列向量的夹角很小，几乎落在同一条直线。完全共线性是对 $p+1$ 个不完全为零的参数 $c_0, c_1, c_2, \cdots, c_p$，若

$$c_0 + c_1 \boldsymbol{x}_1 + c_2 \boldsymbol{x}_2 + \cdots + c_p \boldsymbol{x}_p = \boldsymbol{0} \quad\quad （3.1）$$

则设计矩阵向量 $\boldsymbol{x}_1, \boldsymbol{x}_2, \cdots, \boldsymbol{x}_p$ 之间存在完全相关性关系。此时，设计矩阵 $\boldsymbol{X}$ 的秩小于未知参数的个数，无法采用回归参数的最小二乘估计来对模型参数进行估计：

$$\mathrm{rank}(\boldsymbol{X}) < p+1 \quad\quad （3.2）$$

近似共线性是指设计矩阵某一数列向量几乎落在其余数列向量所构成的线性空间中。近似多重共线性相比完全多重共线性，是识别的程度问题。设计矩阵向量存在着不完全为零的 $p+1$ 个数，使得

$$c_0 + c_1 \boldsymbol{x}_1 + c_2 \boldsymbol{x}_2 + \cdots + c_p \boldsymbol{x}_p \approx \boldsymbol{0} \quad\quad （3.3）$$

对于近似共线性，虽然可以采用回归参数的最小二乘法得到回归参数的无偏估计，但这时估计量 $\hat{\beta}$ 的方差会变大，导致无法准确地判断自变量对因变量的影响程度，从而无法正确地判断模型的准确性，并且回归系数的意义无法解释，甚至有时与实际情况相背离。

3.1.2　全局多重共线性诊断主要方法

目前，最常用的多重共线性诊断方法有方差膨胀因子（variance inflation factor, VIF）法、条件指标-方差分解比（condition index and variance decomposition proportions, CIVDP）法等[30-31]。

1）方差膨胀因子法

方差膨胀因子法相关阵的逆矩阵 $\boldsymbol{M}$ 为

$$\boldsymbol{M} = (\boldsymbol{X}^{\mathrm{T}} \boldsymbol{X})^{-1} \quad\quad （3.4）$$

变量 x_i 的方差膨胀因子 v_i 为

$$v_i = m_{ii} = \frac{1}{1 - R_i^2} \quad\quad （3.5）$$

其中，m_{ii} 为矩阵 $\boldsymbol{M}$ 的主对角元素；R_i^2 表示自变量 x_i 与其他 $p-1$ 个变

量的线性相关程度。自变量之间相关程度越弱，R_i^2 越接近 0，v_i 越趋近 1；相反，如果自变量之间相关程度越强，R_i^2 越接近 1，v_i 值越大。

VIF 方法认为，方差膨胀因子值越大，多重共线性越强；相反，方差膨胀因子值越小，则多重共线性越弱。当 $0 < VIF < 10$ 时，不存在多重共线性；当 $10 \leqslant VIF < 100$ 时，存在较强的多重共线性；当 $VIF \geqslant 100$ 时，存在严重的多重共线性。

2）条件指标方差分解比方法

若设计矩阵 X 的特征值为 $\lambda_1 \geqslant \lambda_2 \geqslant \cdots \geqslant \lambda_p$，相应的特征向量为 $q_1, q_2, \cdots, q_p$，则有

$$\eta_k = \frac{\lambda_1}{\lambda_k} \tag{3.6}$$

称为 X 的第 k 个条件指标（condition index, CI）。条件指标刻画了每个特征值相对于最大特征值"小"的程度，第 k 个条件指标越大，表明第 k 个特征值相对越小。大量的模拟研究表明，如果条件指标在 10 ~ 30 之间，则存在多重共线性关系；条件指标在 30 ~ 100 之间，则多重共线性关系较强；条件指标在 100 以上，则模型存在严重的多重共线性。因此，把 10 作为界定条件指标"高"的阈值，大于 10 的条件指标的个数就是多重共线性关系的个数[31]。

条件指标能诊断出设计矩阵的数列中是否存在多重共线性及多重共线性的个数，但不能诊断出存在于哪些数列中，因此可引入方差分解比（variance decomposition proportions, VDP）。

第 k 个回归参数的方差可以写为

$$\mathrm{Var}(\hat{\beta}_k) = \sigma^2 \sum_{j=1}^{t} \frac{q_{kj}^2}{\lambda_j} = \sigma^2 \left(\frac{q_{k1}^2}{\lambda_1} + \frac{q_{k2}^2}{\lambda_2} + \cdots + \frac{q_{kp}^2}{\lambda_p} \right) \tag{3.7}$$

则有方差分解比

$$\pi_{jk} = \frac{\phi_{kj}}{\phi_k} \tag{3.8}$$

其中

$$\phi_{kj} = \frac{q_{kj}{}^2}{\lambda_j} \tag{3.9}$$

$$\phi_k = \sum_{j=1}^{p} \phi_{kj}, \quad k, j = 1, 2, \cdots, p \tag{3.10}$$

一般认为，出现高条件指标所对应的两个或两个以上方差分解比大于 0.5，说明此时多重共线性存在于这些较大方差分解比所在的数据列。

3.1.3 主要方法分析

VIF 和 CIVDP 方法都是全局多元线性回归模型多重共线性诊断的常用方法。VIF 方法能对设计矩阵各数列的多重共线性进行诊断，但无法诊断截距项的共线性。CIVDP 方法不仅可以对设计矩阵各数列的多重共线性进行诊断，还能对截距项的多重共线性进行诊断，故 CIVDP 方法应用更为广泛。

全局多重共线性诊断方法无法直接用于局部 GWR 和 GTWR 模型。MLR 模型的相关阵为 $\boldsymbol{X}^{\mathrm{T}}\boldsymbol{X}$。因此，全局 MLR 模型呈现多重共线性，即设计矩阵 $\boldsymbol{X}$ 的各数列之间存在多重共线性。地理加权回归和时空地理加权回归局部模型相关阵是 $\boldsymbol{X}^{\mathrm{T}}\boldsymbol{W}_i\boldsymbol{X}$，即在 $\boldsymbol{X}^{\mathrm{T}}\boldsymbol{X}$ 基础上，加入了核函数 $\boldsymbol{W}_i$。因此，不能直接用全局模型的 VIF 和 CIVDP 方法，需要对其进行改进，考虑 GWR 和 GTWR 模型权重对全局诊断方法的影响。

3.2 时空地理加权回归共线性诊断主要方法

GWR 和 GTWR 模型的回归系数估计与多元线性回归模型的区别是在每个点估计都加入了时空核函数。地理加权回归和时空地理加权回归第 i 个样本点回归系数的最小二乘估计为

$$\hat{\boldsymbol{\beta}}_i = (\boldsymbol{X}^{\mathrm{T}}\boldsymbol{W}_i\boldsymbol{X})^{-1}\boldsymbol{X}^{\mathrm{T}}\boldsymbol{W}_i\boldsymbol{y}$$

当 $\boldsymbol{X}^\mathrm{T}\boldsymbol{W}_i\boldsymbol{X}$ 存在逆矩阵 $(\boldsymbol{X}^\mathrm{T}\boldsymbol{W}_i\boldsymbol{X})^{-1}$ 时,

$$\boldsymbol{X}^\mathrm{T}\boldsymbol{W}_i\boldsymbol{X} = \boldsymbol{X}^\mathrm{T}\boldsymbol{W}_i^{1/2}\boldsymbol{W}_i^{1/2}\boldsymbol{X} = (\boldsymbol{W}_i^{1/2}\boldsymbol{X})^\mathrm{T}(\boldsymbol{W}_i^{1/2}\boldsymbol{X}) \qquad (3.11)$$

设计矩阵 $\boldsymbol{W}_i^{1/2}\boldsymbol{X}$ 列满秩,不存在多重共线性关系。当 $\boldsymbol{X}^\mathrm{T}\boldsymbol{W}_i\boldsymbol{X}$ 不存在逆矩阵时,无法计算出回归系数的最小二乘估计值,此时存在多重共线性关系。

对地理加权回归和时空地理加权回归而言,多重共线性不再是设计矩阵 $\boldsymbol{X}$ 之间存在线性相关,而是设计矩阵 $\boldsymbol{W}_i^{1/2}\boldsymbol{X}$ 的各数列间存在高度相关关系。本书参照全局模型的两种常用的多重共线性诊断方法,重新构建了 GWR 和 GTWR 模型的 VIF、CIVDP 方法。

3.2.1 加权方差膨胀因子法

全局模型的方差膨胀因子法对全局自变量进行分析,然而,对每个样本点的局部模型分析需要专门针对每个样本点的系数相关情况进行分析,因此,需要研究局部模型的方差膨胀因子法,则设计矩阵 $\boldsymbol{X}$ 的第 i 个数列在第 j 个样本点的 VIF 公式为

$$VIF_i(j) = \frac{1}{1 - (R_i(j))^2} \qquad (3.12)$$

其中,$[R_i(j)]^2$ 表示第 j 个样本点的设计矩阵的第 i 个数列与其余各数列的线性相关程度。如果模型只有 2 个变量,则第 k 个和第 l 个设计矩阵自变量数列之间的相关系数为

$$R_{k,l}(j) = \frac{\sum_{i=1}^{n} w_{ji}^*(x_{ki} - \bar{x_{kj}})(x_{li} - \bar{x_{li}})}{\sqrt{\sum_{i=1}^{n} w_{ji}^*(x_{ki} - \bar{x_{kj}})^2 \sum_{i=1}^{n} w_{ji}^*(x_{li} - \bar{x_{li}})^2}} \qquad (3.13)$$

其中

$$\bar{x}_{kj} = \sum_{i=1}^{n} w_{ji}^* x_{ki} \qquad (3.14)$$

$$\overline{x}_{lj} = \sum_{i=1}^{n} w_{ji}^{*} x_{li} \qquad (3.15)$$

根据相关系数 $R_{k,l}(j)$，第 j 个样本点第 k 个和第 l 个加权自变量数列之间的方差膨胀因子为

$$VIF_{k,l}(j) = \frac{1}{1 - (R_{k,l}(j))^2} \qquad (3.16)$$

3.2.2 加权条件指标-方差分解比方法

加权条件指标-方法分解比方法的原理：首先组建设计矩阵 $\boldsymbol{X}^*$，对设计矩阵进行奇异值分解，可以得到奇异值和对应的奇异向量；其次参照全局模型的条件指标-方差分解比公式，利用奇异值分解，推导出 GWR 和 GTWR 模型的 WCIVDP 公式。

奇异值分解（singular value decomposition，SVD）是线性代数中的一种重要的矩阵分解和数学特征提取方法，通过对矩阵进行奇异值分解可以得到矩阵的奇异值特征。奇异值特征的详细描述如下：

奇异值的定义：对 $m{\times}n$ 维矩阵 $\boldsymbol{A} \in \mathbf{R}^{m{\times}n}$，若 $\boldsymbol{A}^{\mathrm{T}}\boldsymbol{A}$ 的特征值 λ_i 满足

$$\lambda_1 \geqslant \lambda_2 \geqslant \cdots \geqslant \lambda_r > \lambda_{r+1} = \lambda_{r+2} = \cdots = \lambda_n = 0 \qquad (3.17)$$

则 $d_i = \sqrt{\lambda_i}(i=1,2,\cdots,n)$ 称为矩阵 $\boldsymbol{A}$ 的奇异值。

奇异值分解定理：对任意 $m{\times}n$ 维矩阵 $\boldsymbol{A} \in \mathbf{R}^{m{\times}n}$，其秩为 $r(r \leqslant \min\{m,n\})$，必有正交矩阵 $\boldsymbol{U} \in \mathbf{R}^{m{\times}n}$，$\boldsymbol{V} \in \mathbf{R}^{n{\times}n}$，使得

$$\boldsymbol{A} = \boldsymbol{U}\boldsymbol{D}\boldsymbol{V}^{\mathrm{T}} = \sum_{i=1}^{r} d_i u_i v_i^{\mathrm{T}} \qquad (3.18)$$

其中，$\boldsymbol{U} = (\boldsymbol{u}_1, \boldsymbol{u}_2, \cdots, \boldsymbol{u}_m) \in \mathbf{R}^{m{\times}m}$；$\boldsymbol{V} = (\boldsymbol{v}_1, \boldsymbol{v}_2, \cdots, \boldsymbol{v}_n) \in \mathbf{R}^{n{\times}n}$；$\boldsymbol{D} = \mathrm{diag}(d_1, d_2, \cdots, d_r, 0, 0, \cdots, 0)$，且 $d_1 \geqslant d_2 \geqslant \cdots \geqslant d_r > d_{r+1} = d_{r+2} = \cdots = d_p = 0 (p = \min\min\{m,n\})$，$d_i$ 是矩阵 $\boldsymbol{A}$ 的奇异值；$\boldsymbol{u}_i, \boldsymbol{v}_i(i=1,2,\cdots,r)$ 是矩阵 $\boldsymbol{A}$ 的属于奇异值 d_i 的左、右奇异向量。

正交矩阵的定义：

如果 $\boldsymbol{A}\boldsymbol{A}^{\mathrm{T}} = \boldsymbol{A}^{\mathrm{T}}\boldsymbol{A} = \boldsymbol{E}$（ $\boldsymbol{E}$ 为单位阵），则 n 阶实矩阵 $\boldsymbol{A}$ 称为正交矩阵，满足以下条件：

（1） $\boldsymbol{A}^{\mathrm{T}}$ 为正交阵；

（2） $\boldsymbol{A}\boldsymbol{A}^{\mathrm{T}} = \boldsymbol{A}^{\mathrm{T}}\boldsymbol{A} = \boldsymbol{E}$ （ $\boldsymbol{E}$ 为单位矩阵）；

（3）矩阵 $\boldsymbol{A}$ 的各行是单位向量且两两正交；

（4）矩阵 $\boldsymbol{A}$ 的各列是单位向量且两两正交；

（5） $|\boldsymbol{A}| = 1$ 或 -1。

因此，重新定义了 GWR 和 GTWR 模型第 i 个样本点的设计矩阵 $\boldsymbol{X}^{*}$，对其进行奇异值分解：

$$\boldsymbol{X}^{*} = \boldsymbol{W}_i^{1/2}\boldsymbol{X} = \boldsymbol{U}\boldsymbol{D}\boldsymbol{V}^{\mathrm{T}} \tag{3.19}$$

其中，$\boldsymbol{W}_i^{1/2}\boldsymbol{X}$ 表示第 i 个样本点的核函数开平方；$\boldsymbol{X}$ 是由截距项和 p 个自变量组成的 $n \times (p+1)$ 的矩阵；$\boldsymbol{U}$，$\boldsymbol{V}$ 分别是 $n \times (p+1)$ 和 $(p+1) \times (p+1)$ 的正交矩阵；$\boldsymbol{D}$ 是由奇异值组成的 $(p+1) \times (p+1)$ 维对角阵，其对角线元素是从 $(1,1)$ 开始按照奇异值降序排列的结果。

GWR 和 GTWR 模型的条件指标公式为

$$\eta_j = \frac{d_0}{d_j} \tag{3.20}$$

其中，d_j 是设计矩阵 $\boldsymbol{X}^{*}$ 的第 j 个奇异值。运用奇异值分解理论，可以推导出回归参数 $\hat{\beta}$ 的方差：

$$\mathrm{Var}(\hat{\beta}) = \sigma^2(\boldsymbol{X}^{\mathrm{T}}\boldsymbol{W}\boldsymbol{X})^{-1} = \sigma^2(\boldsymbol{X}^{\mathrm{T}}\sqrt{\boldsymbol{W}}\sqrt{\boldsymbol{W}}\boldsymbol{X})^{-1} = \sigma^2(\boldsymbol{V}\boldsymbol{D}\boldsymbol{U}^{\mathrm{T}}\boldsymbol{U}\boldsymbol{D}\boldsymbol{V}^{\mathrm{T}})^{-1}$$

$$= \sigma^2(\boldsymbol{V}\boldsymbol{D}\boldsymbol{D}\boldsymbol{V}^{\mathrm{T}})^{-1} = \sigma^2(\boldsymbol{V}\boldsymbol{D}^{-2}\boldsymbol{V}^{\mathrm{T}}) \tag{3.21}$$

综上，第 k 个回归参数（包括截距）的方差为

$$\mathrm{Var}(\hat{\beta}_k) = \sigma^2 \sum_{j=0}^{p} \frac{v_{kj}^2}{d_j^2} \tag{3.22}$$

其中，v_{kj} 是 $\boldsymbol{V}$ 矩阵的第 k 行第 j 列元素。由此，可以定义 GWR、GTWR 模型的方差分解比公式为

$$\pi_{jk} = \frac{\phi_{kj}}{\phi_k} \qquad\qquad (3.23)$$

其中，$\phi_{kj} = \frac{v_{kj}^2}{d_j^2}$，$\phi_k = \sum_{j=0}^{p} \phi_{kj}$ $(k, j = 0,1,2,\cdots,p)$。于是，可以形成 $(p+1) \times (p+1)$ 的方差分解比矩阵 $\boldsymbol{\pi} = \pi_{jk}$，如表 3-1 所示。

表 3-1　方差分解比矩阵

条件指标	方差分解比					奇异值
η_0	π_{00}	π_{01}	π_{02}	$\cdots$	π_{0p}	d_0
η_1	π_{10}	π_{11}	π_{12}	$\cdots$	π_{1p}	d_1
$\vdots$	$\vdots$	$\vdots$	$\vdots$		$\vdots$	$\vdots$
η_p	π_{p0}	π_{p1}	π_{p2}	$\cdots$	π_{pp}	d_p

　　GWR 和 GTWR 模型的 WCIVDP 方法具体诊断流程如图 3-1、表 3-2 所示。

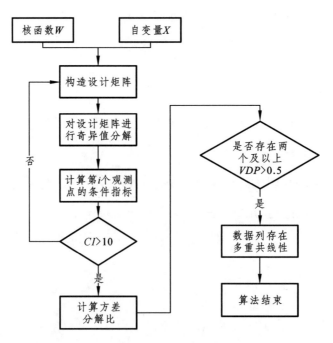

图 3-1　加权条件指标-方差分解比方法流程

表 3-2　加权条件指标-方差分解比的算法流程

算法描述：加权条件指标-方差分解比方法

输入：自变量矩阵 X，位置 u 和 v，时间 t，因变量 y。

输出：存在多重共线性的局部点集合 $M = (m_1, m_2, m_c)$。

算法步骤：

步骤 1：选择 GWR 模型的核函数（Gauss 核函数），构建核函数矩阵 W，截距项的常数及自变量按数列构建矩阵 X。

步骤 2：构造第 i 个样本点的设计矩阵 $\sqrt{W_i}X(i = 1, 2, \cdots, n)$。

步骤 3：对设计矩阵 $\sqrt{W_i}X$ 进行奇异值分解。

步骤 4：利用条件指标公式，计算第 i 个点的条件指标 CI。

步骤 5：若 $CI > 10$，进入步骤 6；反之，返回步骤 2。

步骤 6：利用方差分解比公式，计算第 i 个点的 VDP。

步骤 7：若存在两个及以上的 $VDP > 0.5$，进入步骤 8。

步骤 8：提取步骤 7 对应的数据列，此时该数据列存在多重共线性。

算法结束

3.2.3　加权 VIF 和加权 CIVDP 方法分析

加权 VIF 和加权 CIVDP 方法都能诊断模型的多重共线性问题，但 VIF 方法相对 CIVDP 方法的缺点在于没有考虑模型中截距项的多重共线性，在诊断多重共线性时会出现漏判现象，例如：当 $0 < VIF < 10$ 时，仍可能存在多重共线性关系。加权 CIVDP 方法不仅可以诊断出模型中是否有多重共线性及多重共线性的个数，还可以诊断出多重共线性存在于设计矩阵的哪些数据列中，甚至还可以诊断截距项是否存在多重共线性。因此，加权 CIVDP 相对加权 VIF 方法具有明显的优势。

3.3　方法验证和应用

3.3.1　GWR 模拟数据实验

本节通过模拟数据对全局模型和 GWR 回归模型的共线性问题进

行分析,构造模拟数据的方法:取研究的空间区域为 $n \times n$ 的正方形,u,v 分别表示样本点的横坐标和纵坐标,服从 $(0,n)$ 均匀分布的随机数,则第 i 个样本点的位置坐标为 (u_i, v_i)。设地理加权回归模型为

$$y_i = (u_i + v_i) + u_i \times x_{i1} + v_i \times x_{i2} + \varepsilon_i \qquad (3.24)$$

其中,自变量 x_1 和 x_2 随机选取 40 个点服从 $N(0,1)$ 的随机数,剩余 10 个点满足 $x_2 = 2x_1$;随机误差 ε 为高斯白噪声,取 $n = 50$。样本点分布如图 3-2 所示。

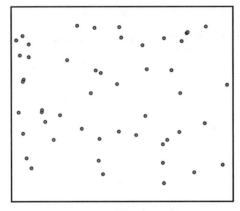

图 3-2　样本点分布图

全局模型和 GWR 模型的 VIF 结果列于表 3-3 中。实验结果表明,全局模型的 VIF 小于 10,不存在多重共线性。很明显,GWR 模型的平均 VIF 和全局模型相比,从 3.27 提高到 9.95,此外,模型的拟合优度有较大的提高,从 0.84 提高到 0.99。由图 3-3 可以看出,GWR 模型的 VIF 值大于 10 的个数为 15 个,其中,样本点编号为 18 和 50 时,相应的 VIF 值急剧增大(数值均在 50 左右),此时对应的数值均为 0.99;样本点编号为 2、4、19、23、24、32 时,相应的 VIF 数值在 20~40 之间,此时对应的相关系数值均为 0.98;剩余 7 个样本点的 VIF 值在 10~20 之间,对应的相关系数在 0.95~0.97 之间。由此可知,GWR 模型中至少有 15 个样本点对应的数据列存在着线性关系,从而验证了全局模型中不存在共线性而 GWR 模型可能存在。

表 3-3　全局模型和 GWR 模型的 VIF 结果

多元线性回归模型				GWR 模型		
	截距	x_1	x_2		截距	x_1	x_2
估值	48.12	7.10	36.57	平均估值	48.23	16.95	30.42
VIF	—	3.27	3.27	平均 VIF	—	9.95	9.95
R^2	0.84	—	—	R^2	0.99	—	—

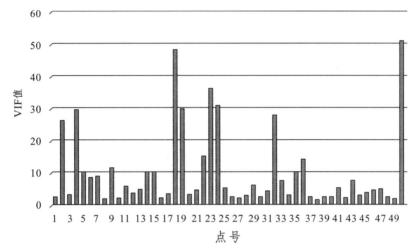

图 3-3　GWR 模型各样本点的 VIF 值

　　通过实验，可以列举出全局模型和 GWR 模型部分点位的方差分解比矩阵，计算结果列于表 3-4 中。从表 3-4 可以得知，全局模型不存在多重共线性；样本点编号（ID）为 8 时不存在多重共线性，而编号为 2 时，条件指标有一个为 16.10，可以认为此时设计矩阵中存在一个多重共线性，此时对应的方差分解比分别为 0.07、0.99、0.98，根据方差分解比的判定条件，可以得出这个多重共线性存在于设计矩阵的第二个、第三个数列。可以再次验证，全局模型不存在多重共线性，而 GWR 模型可能存在局部多重共线性。

表 3-4　全局模型的 CIVDP 矩阵

条件指标	方差分解比			特征值
	π_{j0}	π_{j1}	π_{j2}	
1	0	0.07	0.46	13.64
1.94	0.97	0.01	0	7.05
3.89	0.03	0.92	0.53	3.50

表 3-5　编号为 2 和 8 时 GWR 模型的 CIVDP 矩阵

编号	条件指标	方差分解比			奇异值
		π_{j0}	π_{j1}	π_{j2}	
2	1	0.05	0	0.01	1.65
	2.15	0.88	0	0.01	0.77
	16.10	0.07	0.99	0.98	0.10
8	1	0.01	0.03	0.22	2.19
	2.23	0.35	0.10	0.42	0.98
	3.74	0.64	0.87	0.36	0.59

图 3-4 表示 GWR 模型的两个回归参数 β_1 和 β_2 的估计值，表 3-6 表示较大的方差膨胀因子和较大的条件指标的统计结果。由此得知，编号（ID）为 18 和 50 时，有最大的 VIF 值，此时对应的参数估计值的方差 $\mathrm{Var}(\hat{\beta}_1), \mathrm{Var}(\hat{\beta}_2)$ 也最大；编号为 5、15、22 时，相应的 VIF 值都较大，此时可以看出参数估计值 $\hat{\beta}_1$ 最大，$\hat{\beta}_2$ 最小，相应的方差 $\mathrm{Var}(\hat{\beta}_1)$，$\mathrm{Var}(\hat{\beta}_2)$ 也较大；同样列表中其余点均可以得出 VIF 值较大时，对应的 $\mathrm{Var}(\hat{\beta}_1), \mathrm{Var}(\hat{\beta}_2)$ 都较大。实验结果表明，这些样本点对应的数列中存在着共线性会使模型的参数估计值的方差增大，导致模型估计不准确。

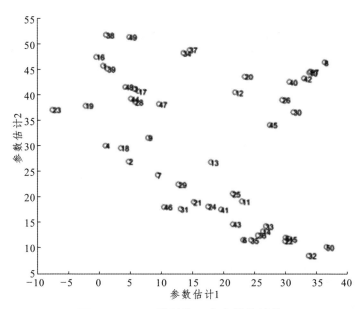

图 3-4 GWR 模型的两个参数估计值

表 3-6 GWR 模型较大的 VIF 和 CIVDP 统计结果

编号	$WVIF > 10$ 的统计结果			$CI > 10$ 的 VDP 统计结果			
	$\mathrm{Var}(\hat{\beta}_1)$	$\mathrm{Var}(\hat{\beta}_2)$	$WVIF$	η_j	π_{j0}	π_{j1}	π_{j2}
2	77.10	23.50	26.16	16.10	0.07	0.99	0.98
4	79.62	24.36	29.59	17.53	0.05	0.99	0.98
5	21.65	6.99	10.33	10.51	0.01	0.99	0.94
6*	59.35	18.09	8.52	10.30	0	0.99	0.92
7*	51.07	15.08	8.95	10.23	0.08	0.99	0.93
9	28.79	8.75	11.51	11.04	0.02	0.99	0.95
14	33.16	9.41	10.13	10.29	0.01	0.99	0.93
15	19.35	6.51	10.06	10.40	0.01	0.99	0.93
18	2090.32	586.08	48.16	18.39	0.17	0.99	0.99
19	123.08	36.61	29.78	16.98	0	0.99	0.98
22	31.26	9.46	15.24	11	0.01	0.99	0.96
23	114.60	34.78	36.48	19.87	0.01	0.99	0.98

编号	WVIF >10 的统计结果			CI >10 的 VDP 统计结果			
	$\mathrm{Var}(\hat{\beta}_1)$	$\mathrm{Var}(\hat{\beta}_2)$	WVIF	η_j	π_{j0}	π_{j1}	π_{j2}
24	211.67	60.38	30.84	15.11	0.15	0.99	0.98
32	486.28	140.94	28.11	12.80	0.19	0.99	0.97
35	67.11	19.29	10.21	10.18	0.02	0.99	0.94
36	63.17	16.54	14.30	11.31	0.02	0.99	0.96
50	1442.60	389.92	51.18	17.31	0.23	0.99	0.99

	最小值	下四分位	平均值	上四分位	最大值
$\mathrm{Var}(\hat{\beta}_1)$	6.78	11.54	16.77	55.84	2090.33
$\mathrm{Var}(\hat{\beta}_1)$	3.52	5.37	7.01	15.82	586.08

此外，表 3-6 还表明方差分解比矩阵中最大的方差分解比元素对应的 $CI > 10$，$VIF > 25$。其中，ID 为 18、23、50 时，有最大的 VIF 值，对应的 CI 值也最大；ID 为 23 时，回归参数估计值 $\hat{\beta}_1$ 最小，$\hat{\beta}_2$ 非常大。另外，由实验结果可知，条件指标 $CI > 10$ 时，对应的设计矩阵第二列、第三列的方差分解比元素都大于 0.5，表明 GWR 模型中的 50 个样本点至少有 17 个点存在共线性，且共线性存在于两个加权解释中。由此还可以得知，ID 为 6 和 7 时，对应的 $VIF < 10$，用 VIF 法判定条件则认为这两个样本点不存在多重共线性，因此 VIF 法对于判定模型的多重共线性会出现漏判现象。

3.3.2 GTWR 模拟数据实验

本章在探讨了全局模型和 GWR 局部模型的多重共线性的基础上，进一步讨论了 GTWR 模型的多重共线性问题。用于诊断 GTWR 模型的多重共线性的方法同 GWR 模型的方法一致，由前节实验可知，GWR 模型的 WCIVDP 方法优势明显，因此本章 GTWR 模型的多重共线性方法采用了 WCIVDP 方法，而 GTWR 和 GWR 模型的 WCIVDP 方法不同之处在于核函数的表达，GTWR 模型的核函数除随着地理位置变化而变化外，还随着时间的变化而变化。本章用模拟实验验证了 WCIVDP 方法能有效诊断 GTWR 模型的多重共线性问题，其中，模拟数据的构造方法为：构造三维时空立方体，u，v，t 分别表示样本点的横坐标、纵坐标及时间信息，服从 $(0,n)$ 均匀分布的随机数，则第 i 个样本点的位置坐标 (u_i, v_i, t_i)。设时空地理加权回归模型为

$$y_i = (u_i + t_i) + (u_i + t_i)x_{i1} + (u_i + v_i)x_{i2} + \varepsilon_i \qquad （3.25）$$

其中，自变量 x_1 随机选取 40 个点服从 $N(0,1)$ 的随机数，剩余 10 个点满足 $x_2 = 2x_1$；随机误差 ε 为高斯白噪声，取 $n = 50$。样本点分布如图 3-5 所示。

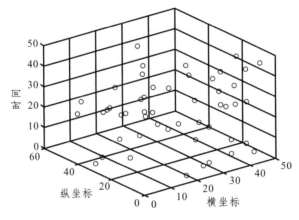

图 3-5　样本点时空分布图

GTWR 模型的 WCIVDP 方法判定条件为：条件指标大于 10，且存在两个以上方差分解比元素值大于 0.5 时，可认为模型中存在多重共线性，且多重共线性位于方差分解比大于 0.5 的对应数列。通过实验分析，所有样本点的条件指标如图 3-6 所示。由图 3-6 可知，50 个样本点中有 5 个点的条件指标大于 10，证明模型中至少存在 5 个多重共线性关系，并且对应的样本点编号为 2、7、15、17、26，而这 5 个多重共线性

关系分别位于哪些数列中，则根据对应的方差分解比数值大小来判定。

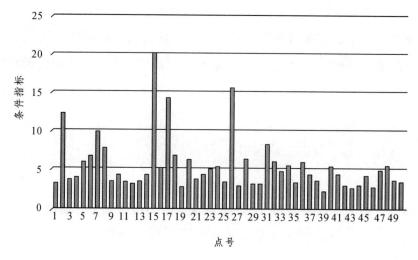

图 3-6 GTWR 模型的条件指标值

由表 3-7 可以看出，条件指标大于 10，对应的方差分解比大于 0.5 的数列都位于设计矩阵第二列、第三列，且方差分解比元素都大于 0.5，表明 GTWR 模型中至少有 5 个多重共线性关系，并且多重共线性都位于两个加权自变量数列中，截距项不存在多重共线性。

表 3-7 GTWR 模型较大的 CIVDP 统计结果

编 号	$CI > 10$，$VDP > 0.5$			
	η_j	π_{j0}	π_{j1}	π_{j2}
2	12.22	0.20	0.99	0.95
7	10.00	0.04	0.99	0.95
15	20.10	0.01	0.99	0.99
17	14.26	0.01	0.99	0.97
26	15.48	0.02	0.99	0.98

3.3.3 方法应用

本节以北京市住宅销售价格为实验数据，采用加权条件指标方差分解比方法对时空地理加权回归的多重共线性进行诊断。首先介绍北京市住宅销售价格的实验数据，基于 CV 法和 AIC 准则选取最优空间带宽和时空因子，构建时空核函数。其次基于时空核函数采用加权条件指标-方差分解比对北京市住宅销售价格数据进行多重共线性诊断。

1）实验数据

以北京市住宅销售价格为特征价格数据，构建特征价格模型。通过房屋的价格和影响因素建立了特征价格模型（Hedonic Model），其核心为构建回归方程，该方程是由消费者的出价函数和生产者的要价函数所决定的市场出清函数。目前，特征价格模型已经发展为房地产评估领域广泛应用的模型[33-35]。

特征价格模型主要研究不同质商品的特征和价格关系。特征价格模型认为，房屋的销售价格主要受到周边环境、房屋结构、时间等因素影响。周边环境因素包括周边的超市、购物中心、加油站、距离市中心的位置等，房屋结构因素包括房屋面积、卧室个数、容积率、绿化率等，而时间因素包括房屋建造时间等[36]。

特征价格数据包括房屋销售价格数据和自变量数据。房屋销售价格数据包括 1 961 个房屋数据，来源于国家统计局，空间位置如图 3-7 所示。自变量包括结构变量、周边环境变量和时间变量。其中，连续型变量取对数便于用最小二乘模型进行线性拟合，取对数后，代数运算从乘积运算变成求和运算，可以减少多重共线性和异方差性出现的概率，而且一定程度上消除了量纲的影响。因此，本文分别对连续性变量住宅销售价格 $\ln Price$，住宅室内面积 $\ln FArea$、绿化率 $\ln GRatio$、容积率 $\ln PRatio$、住宅小区的管理费 $\ln PFee$、周边环境变量（距离最邻近小学的平面距离 $\ln D_{PriSchool}$ 和距离最邻近超市 $\ln D_{ShoppingMall}$ 的距离）取对数。

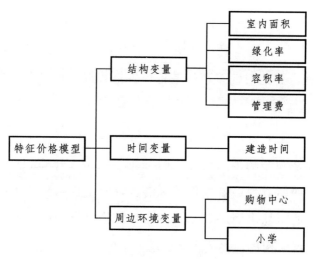

图 3-7　住宅销售特征价格模型结构

表 3-8　住宅销售特征价格变量计算方法和说明

变量	计算方法和说明
$\ln Price$	住宅销售价格，以万元为单位
$\ln PRatio$	住宅小区容积率，等于住宅小区总建筑面积除以土地总面积
$\ln GRatio$	住宅小区绿化率，等于住宅小区非建筑用地面积除以土地总面积
$\ln FArea$	住宅室内面积，以平方米为单位
$\ln PFee$	住宅小区的管理费，以元/月为单位
$\ln D_{PriSchool}$	距离最邻近小学的平面距离，以米为单位
$\ln D_{ShoppingMall}$	距离最邻近超市的距离，以米为单位
Age	表示房屋的建造年代，以 1980 年为基准年份，以年为单元

表 3-9　住宅销售价格特征变量统计

变量	最小值	平均值	最大值
$\ln Price$	3.807	6.071	10.309
$\ln PRatio$	-4.605	0.679	2.303
$\ln GRatio$	-5.809	-1.162	-0.116
$\ln FArea$	2.303	4.532	7.507

变 量	最小值	平均值	最大值
ln$PFee$	−0.693	0.346	4.060
ln$D_{PriSchool}$	0.499	6.393	16.322
ln$D_{ShoppingMall}$	2.153	5.752	16.342
Age	1	23	30

北京市小学数据来自天地图，包括小学 ID、名称、行政区划代码、地址、经度、纬度信息，具体属性信息如表 3-10 所示。

表 3-10　北京市小学表数据结构

列名称	属性字段	说明
FID	整型	唯一标识
Name	字符型	小学名称
Adcode	整型	行政区划代码
Address	字符型	地址
Lon	双精度	经度
Lat	双精度	纬度

北京市超市数据来自天地图，包括超市 ID、名称、行政区划代码、地址、经度、纬度，具体属性信息如表 3-11 所示。

表 3-11　北京市超市表数据结构

列名称	属性字段	说明
FID	整型	唯一标识
Name	字符型	超市名称
Adcode	整型	行政区划代码
Address	字符型	地址
Lon	双精度	经度
Lat	双精度	纬度

2）最优空间带宽和时空因子选择

首先根据地理加权回归模型的 CV 法或 AIC 准则，选取使得 CV 值或 AIC 值最小的空间带宽，即最优的空间带宽。如图 3-8～图 3-9 所示，最优的空间带宽为 7.7 千米。确定最优空间带宽后，选取使得 CV 值或 AIC 值最小的时空因子，最优的时空因子为 1 500 000。

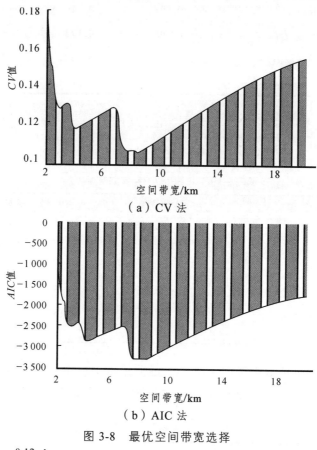

（a）CV 法

（b）AIC 法

图 3-8　最优空间带宽选择

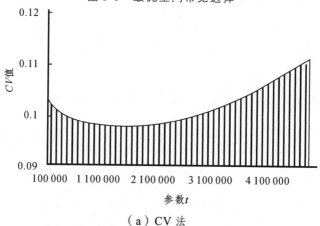

（a）CV 法

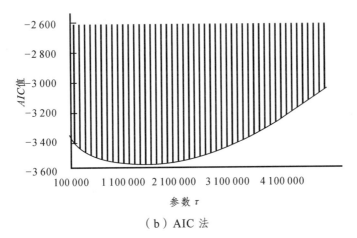

（b）AIC 法

图 3-9　最优时空因子选择

3）多重共线性诊断

模拟数据的实验结果已经验证，加权条件指标方差分解比法不仅可以诊断模型是否有多重共线性及多重共线性数量，还可以诊断多重共线性存在的设计矩阵数据列，甚至还可以诊断截距项是否存在多重共线性。因此，对北京市住宅销售价格数据用 WCIVDP 方法进行多重共线性诊断，如图 3-10、表 3-12 所示。实验结果表明，所有样本点条件指标均小于 10。可以认定北京市住宅销售价格数据设计矩阵数列之间相关性较低，不存在多重共线性的情况。

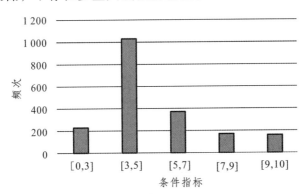

图 3-10　北京市住宅销售价格数据多重共线性诊断统计

表 3-12　北京市住宅销售价格数据多重共线性诊断统计

CI 范围	个 数
[0,3]	230
[3,5]	1032
[5,7]	374
[7,9]	167
[9,10]	158

3.4　本章小结

全局模型的多重共线性诊断方法不适用于局部模型，会漏判 GTWR 模型局部点的多重共线性。因此，本章研究了诊断 GTWR 模型多重共线性的加权条件指标-方差分解比和时空非平稳性假设检验方法。结果表明，提出的加权条件指标-方差分解比方法能够有效地探测 GTWR 模型的多重共线性。此方法的优点在不仅能诊断出 GTWR 模型多重共线性的数量和设计矩阵的所在数列，还能探测截距项的多重共线性问题。

第 4 章
时空地理加权回归的特征变量选取方法

特征变量是相对随机变量而言的，特征变量的选取是建立时空地理加权逐步回归的前提，其结果直接影响回归方程的优劣性。特征变量选取方法能在庞大的、无序的事物中找出某种现象与某种要素之间的内在联系，然后利用这种联系对这种现象进行研究分析、展望预测甚至是控制其发展趋势。通过特征变量选取，能将事物之间定性的关系用因变量和自变量之间量化的关系描述出来，所建立的模型能保证已经选入模型的自变量作用最显著。因此，研究特征变量选取方法具有重要意义。

4.1 特征变量选取方法分析

在多元线性回归中，常用的特征变量选取方法有线性向前引入法、向后剔除法和逐步回归法等。它们均以特征变量作用的显著程度为评价指标，对每一个特征变量都要进行 F 检验，研究其显著性，显著则引入方程，反之则剔除[30]。向前引入法原理是向空集依次逐个引入特征变量，根据检验法则判断特征变量是否引入，直到回归模型外没有显著性较强的特征变量为止；向后剔除法原理是从全部特征变量集中依次逐个删除特征变量，根据检验法则判断特征变量是否删除，直到回归模型内没有显著性较弱的变量为止。逐步回归法原理是每引入一个特征变量，对选中的特征变量进行显著检验，当不显著时再剔除特征变量[37]。多元线性回归中的特征变量方法已经比较成熟，在建模中得到了广泛应用。如张云海等（2009）、刘天等（2014）从一个自变量 X 开始，根据自变量 X 作用的显著程度，按序依次逐个引入回归方程中的逐步回归法，分别建立空气污染物 PM10 浓度与气象因子之间关系的预测模型和 PM2.5 成因模型与治理方案，采用 PM10、PM2.5 数据和同年气象数据对其模型进行验证，表明预测模型所预测的结果与实测的结果基本一致。面向多元线性回归的特征变量方法虽然有效，但它没有考虑事物的时间和空间非平稳特征，因此无法直接应用到地理加权回归分析中。

在空间非平稳回归分析中，AIC 准则是判断模型优劣的基本准则，具有重要作用。Hurvich 等发展了 AIC 准则，将其用于非参数回归估计中的光滑参数计算[38]。Brunsdon 和 Fotheringham 基于光滑参数选择，将 AIC 准则用于 GWR 模型中的最优带宽参数选择[22]。Binbin Lu[39]等在上述研究的基础上，将 AIC 准则作为地理加权回归模型优劣的判断标准进行特征变量选择，由于在特征变量选取时，需要穷尽所有特征变量的组合，所以在计算中耗时较长，且不适用于特征变量多的情况。

综上所述，多元线性回归中的特征变量选取方法的判定标准没有考虑时空非平稳特征，无法直接用于 GTWR 模型，而基于 AIC 的穷举方法，计算复杂，不适用于特征变量多的情况。本章在深入研究各种方法优劣的基础上，借鉴了多元线性回归特征变量选取方法的算法流程，以及 AIC 穷举法的判定标准，提出了面向时空地理加权回归的特征变量选取方法，为时空地理加权回归建模和分析提供方法借鉴。

4.2 基于贪心算法的特征变量选取方法

4.2.1 方法原理

贪心算法是寻找局部最优解的常用算法之一。当一个问题具有局部最优解和贪心选取性质时，它是一种简单且行之有效的方法。贪心算法的基本原理是[40-42]：对相关指标进行排序，找出最小值，经过处理，再找出最小值，不断循环，直到满足一定条件为止。事实上，贪心算法在某种程度上是为了满足某种度量最优的分步处理方法，并在每一次分步中选取当前最优解，即贪心所在。从局部最优解中寻找全局最优解，即从某一个初始值不断逼近最终目标，并尽可能迅速寻找到更好的结果。当某个分步中无法再继续时，循环结束，最后一次循环中的结果就是整个问题的最优解。

采用贪心算法解题时需要解决两个问题[43-44]：一是该问题能否采用贪心策略求解，即采用贪心算法解决的问题，应该可以通过分步寻找最优值，并且在每个分步过程中，都能得到一个较优的结果。基本的贪心算法是顺序解决问题，每个分步处理完，都会有个结果即时输出，而且它没有回退功能，适用于解决一维问题。二是如何确定贪心标准，进而得到解决问题的最优解，这也是贪心算法的核心问题。标准的选定与解决的问题紧密相关，如最优路径选取方法是贪心算法在空间分析中的重要应用，在最优路径选取中，常以通行时间、通行距离为标准。因此，贪心标准需要根据具体问题进行具体分析。

基于贪心算法的时空地理加权回归特征变量选取方法试图寻找相关性强的特征变量，从而建立可信度高的 GTWR 模型。其基本原理是从特征变量集合中逐个搜索变量，判断变量加入或删除对模型的影响，根据评价准则决定变量的取舍，因此搜索方向和评价准则是关键。下面从评价准则、搜索方向以及算法流程方面进一步说明方法原理。

1）评价准则

评价准则是人们对某种研究对象进行评价时注重、侧重什么方面，而忽略哪些方面，同时也是划分优良程度的界限。对于客观要素的评价，评价准则具有重要的科学依据。因此，在制定评价准则时，应考虑评价准则的系统性、典型性、动态性、简明科学性、可比性、可操作性、可量化性以及综合性这八个原则。在特征变量选取时，传统的有 F 检验、T 检验，另外简相超等（2001）采用预测误差评价准则函数，鲍捷等（2012）采用基于 SVM 的评价准则。上述评价准则没有考虑时空特征，不能直接用于时空回归分析。

Akaike 信息量准则是地理加权回归分析中常用的评价准则，因为它计算简便又充分考虑了模型的非平稳特征，被用于最优带宽选择[25,45,46]、模型评价等方面。其公式见式（2.13），此处不再赘述。

AIC 作为特征变量选择的评价准则。一般地，AIC 值越小表示模型的模拟效果越好，当两个模型的 AIC 值相差超过 3 时，表示两个模型存在明显差异[98]。因此，本书采用 AIC 相差 3 作为特征变量有效的评价准则，对于向前引入法，在分步特征变量选取过程中，选择 AIC 最小值与全局最小 AIC 进行比较，如果相差大于 3，表明对应特征变量的引入对模型改善明显，应引入该变量，否则，不引入该变量。对于向后剔除法，在分步特征变量删除时，选择 AIC 最小值与全局最小 AIC 进行比较，如果相差大于 3，表明删除该特征变量对模型改善明显，应该删除该变量，否则，不删除该变量。

2）搜索方向

基于贪心算法的时空地理加权回归特征变量选取方法有两种实现方式：向前引入和向后剔除。前者是逐步增加变量的过程，后者是逐步减少变量的过程。图 4-1 给出了向前引入和向后剔除的搜索方向。

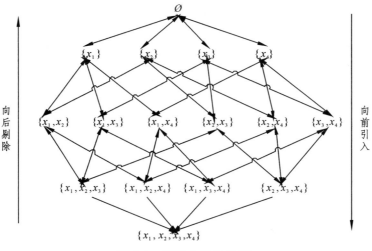

图 4-1 搜索方向示意图

向前引入法是从空集逐个引入特征变量，直到模型外没有相关性强的特征变量为止。首先，对每一个待选特征变量，分别建立它与因变量之间的回归模型（如果有 n 个特征变量，就建立 n 个回归模型），根据评价准则选择置信水平最高的特征变量；其次，对剩余的每一个待选特征变量，将它与之前已选取特征变量组合在一起，建立特征变量和因变量之间的回归模型，再根据评价准则判断是否存在符合选入条件的变量，以此类推，每个分步都增加一个变量，直到不满足评价准则或所有特征变量都选入为止。

下面以 4 个特征变量 (x_1, x_2, x_3, x_4) 为例，来说明向前引入法原理。第一，分别计算建立每个备选特征变量与因变量 y 之间的 GTWR 模型，即 $GTWR(x_1, y)$，$GTWR(x_2, y)$，$GTWR(x_3, y)$，$GTWR(x_4, y)$，并计算各模型的 AIC 值。第二，选取 AIC 值最小的模型，假定 $GTWR(x_3, y)$ 模型的 AIC 值最小，则 x_3 为选中特征变量，并在备选特征变量中去掉 x_3，进入下一步。第三，分别用剩余的每个备选特征变量与 x_3，y 建立 GTWR 模型，即 $GTWR(x_1, x_3, y)$，$GTWR(x_2, x_3, y)$，$GTWR(x_3, x_4, y)$，并计算每个模型的 AIC 值。第四，选取 AIC 值最小的模型，且比 $GTWR(x_3, y)$ 模型的 AIC 值小于 3，假定 $GTWR(x_1, x_3, y)$ 模型的 AIC 值最小，那么选取的

特征变量即为 x_1, x_3，并在备选特征变量中去掉 x_1。第五，用每个剩余的备选特征变量与 x_1, x_3, y 建立 GTWR 模型，即 $GTWR(x_1, x_2, x_3, y)$，$GTWR(x_1, x_3, x_4, y)$，并计算每个模型的 AIC 值。最终 AIC 值最小的模型，即最优模型，该模型中的特征变量即选中的特征变量集合。图 4-2 给出了前向引入选取示意图。

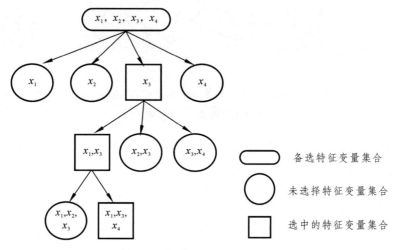

图 4-2　向前引入选取示意图

向后剔除法是从全部特征变量中逐个删除特征变量，直到模型中没有相关性弱的变量为止。首先从全部特征变量中删除一个特征变量建立回归模型（如果有 n 个特征变量，就建立 n 个回归模型）计算置信度，然后从这些回归模型中选取一个置信度最高的模型，删除对应的特征变量，重复上述过程，直到不满足评价准则为止。

下面以 4 个特征变量 (x_1, x_2, x_3, x_4) 为例，来说明向后剔除法原理。第一，分别删除一个备选特征变量，建立剩余特征变量集合与因变量 y 之间的 GTWR 模型，即 $GTWR(x_1, x_2, x_3, y)$，$GTWR(x_1, x_2, x_4, y)$，$GTWR(x_1, x_3, x_4, y)$，$GTWR(x_2, x_3, x_4, y)$，并计算各模型的 AIC 值。第二，选取 AIC 值最小的模型，假定 $GTWR(x_2, x_3, x_4, y)$ 模型的 AIC 值最小，且比原来每个模型都相差 3 以上，说明去掉 x_1 后，模型性能提升了，因此选中特征变量应删除 x_1，进入下一步。第三，在剩余的备选特征变量中，分别删除一个变量，建立 GTWR 模型，即 $GTWR(x_2,x_3,y)$，$GTWR(x_2,x_4,y)$，$GTWR(x_3,x_4,y)$，并计算每个模型的 AIC 值。第四，选取 AIC 值最小的模型,且与 $GTWR(x_2,x_3,x_4,y)$ 的 AIC 值模型相差 3 以上，假定 $GTWR(x_2,x_3,y)$ 模型的 AIC 值最小，那么选取的特征变量即 x_2，x_3，选中特征变量集合中应去掉 x_4。第五，继续删除一个选取特征变量，建立 GTWR 模型，即 $GTWR(x_2,y)$，$GTWR(x_3,y)$，并计算每个模型的 AIC 值。最终 AIC 值最小的模型，即最优模型，模型中的变量即选中的特征变量。需要注意的是，当删除后模型的 AIC 值没有变小，反而变大时，说明去掉改变量不但没有提升模型性能，反而造成了相反的影响，此时，应保留上一步中的结果，不删除任何变量，选取结束。图 4-3 给出了后向剔除选取示意图。

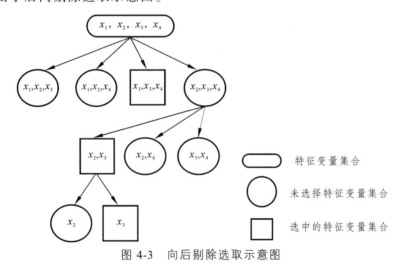

图 4-3　向后剔除选取示意图

4.2.2　算法流程

基于贪心算法的特征变量选取方法包括向前引入法和向后剔除法，它们是以 AIC 为评价准则，逐步引入或剔除特征变量，从而确定与因变量相关性显著的特征变量，建立可靠的 GTWR 模型。

1）向前引入特征变量选取法步骤

向前引入特征变量选取方法算法如表 4-1 所示，图 4-4 为向前引入算法流程图。

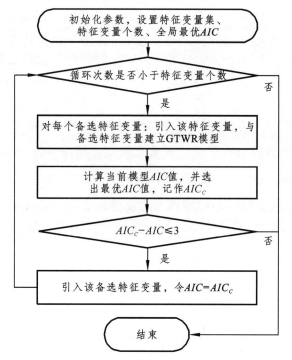

图 4-4　向前引入算法流程图

表 4-1　向前引入特征变量选取方法算法

算法描述：向前引入特征变量选取方法

输入：备选特征变量集合 X，因变量 y。

输出：选中特征变量集合 S 和模型最优 AIC。

算法步骤：

步骤 1：初始化参数。设置选中特征变量集合 $S=\varnothing$，特征变量个数 n，全局最优 $AIC=+\infty$，循环次数 $i=0$。

步骤 2：判断循环次数 i 是否小于特征变量个数 n。若是，执行步骤 3，若否，算法结束。

步骤 3：对备选特征变量集合 X 中的每一个特征变量，与选中特征变量集合 S 和自变量 y，分别建立 GTWR 模型。执行步骤 4。

算法描述：向前引入特征变量选取方法

步骤 4：分别计算步骤 3 中所有 GTWR 模型的 AIC 值，选取最小的 AIC，记作当前最优 AIC_c。执行步骤 5。

步骤 5：判断当前最优 AIC_c 是否比全局最优 AIC 小，且相差大于 3。若是，执行步骤 6，若否，算法结束。

步骤 6：将本次循环中具有最优 AIC_c 的模型对应的特征变量加入选中特征变量集合 S 中，并将该变量从备选特征变量集合 X 中删除。循环次数 $i+1$，全局最优 $AIC = AIC_c$。执行步骤 2。

算法结束。集合 S 为选中的特征变量，AIC 为最优模型的 AIC 值

2）向后剔除特征变量选取法步骤

向后剔除特征变量选取方法算法如表 4-2 所示，图 4-5 为向后剔除算法流程图。

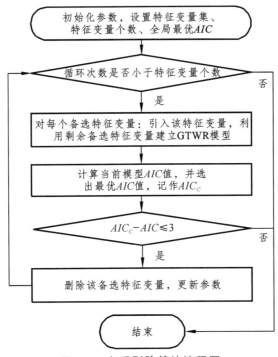

图 4-5 向后剔除算法流程图

表 4-2 向后剔除特征变量选取方法算法

算法描述：向后剔除特征变量选取方法
输入：备选特征变量集合 X ，因变量 y 。
输出：选中特征变量集合 S 和模型最优 AIC 。
算法步骤：
步骤 1：初始化参数。设置选中特征变量集合 $S=X$ ，计算特征变量个数 n ，全局最优 $AIC=+\infty$ ，循环次数 $i=0$ 。
步骤 2：判断循环次数 i 是否小于特征变量个数 n 。若是，执行步骤 3，若否，算法结束。
步骤 3：对选中特征变量集合 S 中的每一个特征变量，从特征变量集中删除一个，与因变量建立 GTWR 模型。执行步骤 4。
步骤 4：分别计算步骤 3 中所有 GTWR 模型的 AIC 值，选取最小的 AIC ，记作当前最优 AIC_c 。执行步骤 5。
步骤 5：判断当前最优 AIC_c 是否比全局最优 AIC 小，且相差大于 3。若是，执行步骤 6，若否，算法结束。
步骤 6：将本次循环中具有最优 AIC_c 的模型对应的特征变量从选中特征变量集合 S 中删除。循环次数 $i+1$ ，全局最优 $AIC=AIC_c$ 。执行步骤 2。
算法结束。集合 S 为选中的特征变量， AIC 为最优模型的 AIC 值

4.3 基于逐步回归的特征变量选取方法

4.3.1 方法原理

基于逐步回归的特征变量选取方法尝试搜索查找相关性显著的特征变量，从而建立可信度高的 GTWR 模型[46-47]。其基本原理是从特征变量集合中逐个搜索变量，判断特征变量的引入或删除对模型的影响，根据评价准则决定变量的引入或者删除，因此搜索方向和评价准则是关键[48-49]。基于逐步回归的特征变量选取方法的搜索方向是根据评价准则向前引入特征变量或者向后删除特征变量，即将全部特征变量集合分为已选特征变量集合和备选特征变量集合。基于逐步回归的特征变量选取方法从已选特征变量集合开始，将备选特征变量集合逐个按其显著性和评价准则引入特征变量到 GTWR 模型中或者从 GTWR 模型中删除特征变量，直到模型外没有显著性较强的特征变量，而模型内没有显著性较弱的特征变量为止。基于逐步回归特征变量的选取方法能避免陷入局部最优的困境，因此被应用于许多领域。

4.3.2 算法流程

逐步回归特征变量的选取方法（见表 4-3）弥补了贪心算法易进入局部最优解的缺陷。图 4-6 为逐步回归特征变量选取方法的流程图。

表 4-3 逐步回归特征变量选取方法

算法描述：逐步回归特征变量选取方法

输入：全部特征变量集合 S，已选特征变量集合 S，备选特征变量集合 U，全局最小 AIC 值，标记为 AIC_w，因变量 y。

输出：选中特征变量集合 S 和模型最优 AIC。

算法步骤：

步骤 1：初始化数据。设置全部特征变量集为 L，已选特征变量集为 S，备选特征变量集为 U，同时设置全局最小 AIC 值，标记为 AIC_w。

步骤 2：对备选特征变量集 U 进行判断。判断备选特征变量集 U 中所包含的特征变量是否为零，即判断备选特征变量集 U 是否为空集。若备选特征变量集 U 为空集，则 GTWR 模型构建完毕，算法结束，已选特征变量集 S 即最优结果；若备选特征变量集 U 为非空集合，则执行步骤 3。

步骤 3：对备选特征变量集 U 进行操作。在备选特征变量集 U 中的每一个特征变量，逐一与已选特征变量 S、因变量 y 建立 GTWR 模型。然后计算每个 GTWR 模型的 AIC 值，并在这些 AIC 值中找出最小的 AIC 值，标记为 AIC_c。

步骤 4：对 AIC_c 进行判断。将步骤 3 中的最小 AIC 值 AIC_c 与 AIC_w 值进行比较，判断 AIC_c 值是否比 AIC_w 值小 3。若 AIC_c 值比 AIC_w 值小 3，则执行步骤 5；若 AIC_c 值不比 AIC_w 值小 3，则随机从备选特征变量集 U 中选取一个变量，并将该变量删除，执行步骤 6。

步骤 5：将步骤 3 中找到的最小 AIC 值，标记为 AIC_c 后的 GTWR 模型所对应的备选特征变量引入已选特征变量集 S 中，然后将该备选特征变量从备选特征变量集中删除，将 AIC_w 值换为 AIC_c 值，执行步骤 6。

步骤 6：对已选特征变量集 S 进行操作。对于已选特征变量集 S 中全部的特征变量，逐一从已选特征变量集 S 中删除，将剩余特征变量与因变量 y 建立 GTWR 模型。然后计算每个 GTWR 模型的 AIC 值，并在这些 AIC 值中找出最小的 AIC 值，标记为 AIC_c。

算法描述：逐步回归特征变量选取方法

步骤7：对 AIC_c 进行判断。将步骤6中的最小 AIC 值 AIC_c 与 AIC_w 值进行比较，判断 AIC_c 值是否比 AIC_w 值小3。若 AIC_c 值比 AIC_w 值小3，则执行步骤8；若 AIC_c 值不比 AIC_w 值小3，则执行步骤2。

步骤8：将步骤6中找到的最小 AIC 值，标记为 AIC_c 后的GTWR模型所对应的已选特征变量从已选特征变量集 S 中删除，将 AIC_w 值换为 AIC_c 值，执行步骤2。

算法结束。集合 S 为选中的特征变量，AIC 为最优模型的 AIC 值

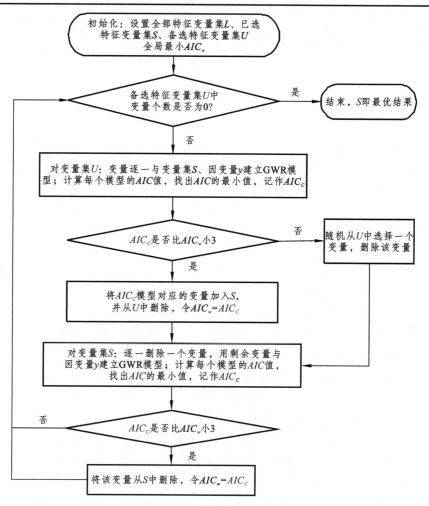

图 4-6　逐步回归特征变量选取方法流程图

4.4 方法验证和应用

为了验证特征变量选取方法的有效性，本文使用 MATLAB 实现逐步回归特征变量选取方法，并以长江中下游地区人口分布与影响因素关系为数据，进行应用分析。

4.4.1 实验数据

长江中下游地区位于长江流域中下游，覆盖上海、江苏、浙江、安徽、江西、湖北、湖南等七省市，有"水乡泽国"之称。长江中下游地区面积约 91.73 万平方千米，2015 年，区域常住人口达 39 414 万人，地区生产总值为 235 308 亿元。本书以 2000 年、2005 年、2010 年、2015 年统计数据、组织机构数据和空间地理数据为研究数据，以各地市为分析单元，收集与人口密度相关的 7 个特征变量，包括人均地区生产总值（元/人）、年均降水量（毫米）、年均气温（摄氏度）、耕地面积（平方千米）、林地面积（平方千米）、城乡工矿居民用地面积（平方千米）和平原面积（平方千米）。其中，人均地区生产总值指区域地区生产总值总产值除以区域常住人口数[92-93]。时空因素包括空间位置坐标、时间。其中，空间上采用 WGS84 坐标系，高斯克里格投影。时间上设置 2000 年为基准年，用 1 表示，每隔 1 年增加一个单位。上述数据中长江中下游地区行政区划矢量数据来源于地图出版社；长江中下游地区各地市的人口数和地区生产总值来源于各年各省市统计年鉴；土地利用数据来源于中国科学院资源环境科学数据中心。表 4-4 为特征变量的计算方法和说明。

表 4-4　模型特征变量计算方法和说明

变量	变量和处理方法说明
GDP	人均 GDP，单位：人/元，取对数
Rain	年均降水，单位：毫米，取对数
Tem	年均气温，单位：摄氏度，取对数

变量	变量和处理方法说明
CulArea	耕地面积，单位：平方千米，取对数
ForArea	林地面积，单位：平方千米，取对数
ResArea	城乡工矿居民用地面积，单位：平方千米，取对数
PlaArea	平原面积，单位：平方千米，取对数

4.4.2 实验结果

实验以 2000 年、2005 年、2010 年、2015 年年均降水量、年均气温、耕地面积、林地面积、城乡工矿居民用地面积、草地面积和地均 GDP 等 7 个变量为特征变量，采用逐步回归特征变量选取方法进行变量筛选。图 4-7 展示了向前引入特征变量选取方法和向后剔除特征变量选取方法中 AIC 值随着迭代次数的增加而变化的曲线图。图 4-7（a）为向前引入特征变量选取方法，图形描绘了引入特征变量后模型的 AIC 值，标记部分为每轮迭代中计算所得所具有的最小 AIC 值的模型，其对应的特征变量即引入模型中的特征变量；图 4-7（b）为向后剔除特征变量选取方法，图形描绘了剔除特征变量后模型的 AIC 值，标记部分为每轮迭代中计算所得所具有最小 AIC 值的模型，其对应的特征变量即从模型中剔除的特征变量。图 4-7（c）为逐步回归特征变量选取的方法，图形描绘了引入或者剔除特征变量后模型的 AIC 值，标记部分为每轮迭代中计算所得所具有最小 AIC 值的模型，其对应的特征变量即从模型中保留的特征变量。

由图 4-7 可以分析基于 GTWR 方法，向前引入特征变量选取方法、向后剔除特征变量方法和逐步回归特征变量选取方法的选取过程。在图 4-7（a）中，总共 7 个特征变量，循环了 3 次，总共迭代 18 次，之后模型外没有显著性较强的特征变量，而模型内没有显著性较弱的特征变量。在向前引入特征变量选取方法的第一次循环中，迭代 7 次，计算得第 6 次迭代的特征变量所对应的 GTWR 模型的 AIC 值最小，因此，第 6 次迭代的特征变量为第一个引入 GTWR 模型的特征变量；在向前引入特征变量选取方法的第二次循环中，迭代 6 次，计算得出第 2 次迭代的特征变量所对应的 GTWR 模型的 *AIC* 值最小，因此，第 2 次迭代的特征变量为第二个引入 GTWR 模型的特征变量；在向前引入特征变量选取方法的第三次循环中，迭代 5 次，计算得出 GTWR 模型的最小 *AIC* 值都不如第二次循环所得 GTWR 模型的 *AIC* 值，因此，循环结束。

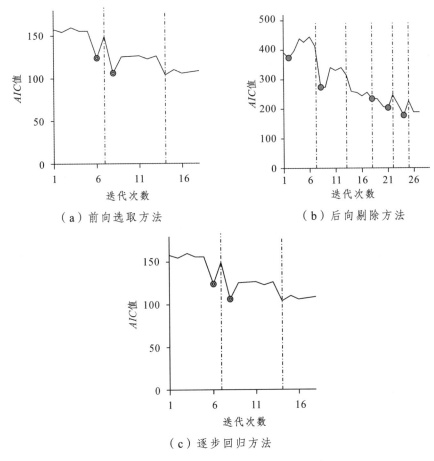

（a）前向选取方法　　　　（b）后向剔除方法

（c）逐步回归方法

图 4-7 *AIC* 随迭代次数增加而变化曲线图

在图 4-7（b）中，总共 7 个特征变量，循环了 5 次，总共迭代 25 次，之后模型外没有显著性较强的特征变量，而模型内没有显著性较弱的特征变量。在向后剔除特征变量选取方法的第一次循环中，迭代 7

次，计算得出第 2 次迭代的特征变量所对应的 GTWR 模型的 AIC 值最小，因此，第 2 次迭代的特征变量为第一个从 GTWR 模型中删除的特征变量；在向后剔除特征变量选取方法的第二次循环中，迭代 6 次，计算得出第 1 次迭代的特征变量所对应的 GTWR 模型的 AIC 值最小，因此，第 1 次迭代的特征变量为第二个从 GTWR 模型中删除的特征变量；在向后剔除特征变量选取方法的第三次循环中，迭代 5 次，计算得出第 5 次迭代的特征变量所对应的 GTWR 模型的 AIC 值最小，因此，第 5 次迭代的特征变量为第三个从 GTWR 模型中删除的特征变量；在向后剔除特征变量选取方法的第四次循环中，迭代 4 次，计算得出第 3 次迭代的特征变量所对应的 GTWR 模型的 AIC 值最小，因此，第 3 次迭代的特征变量为第四个从 GTWR 模型中删除的特征变量；在向后剔除特征变量选取方法的第五次循环中，迭代 3 次，计算得出第 2 次迭代的特征变量所对应的 GTWR 模型的 AIC 值最小，因此，第 2 次迭代的特征变量为第五个从 GTWR 模型中删除的特征变量；在向后剔除特征变量选取方法的第五次循环中，计算得出所有模型所对应的 AIC 值都不是 GTWR 模型的最小 AIC 值，因此循环结束。

在图 4-7（c）中，总共 7 个特征变量，循环了 3 次，总共迭代 21 次，之后模型外没有显著性较强的特征变量，而模型内没有显著性较弱的特征变量。在逐步回归特征变量选取方法的第一次循环中，迭代 8 次，计算得出第 4 次迭代的特征变量所对应的 GTWR 模型的 AIC 值最小，因此，第 4 次迭代的特征变量为第一个引入 GTWR 模型的特征变量；在逐步回归特征变量选取方法的第二次循环中，迭代 7 次，计算得出第 2 次迭代的特征变量所对应的 GTWR 模型的 AIC 值最小，因此，第 2 次迭代的特征变量为第二个引入 GTWR 模型的特征变量；在逐步回归特征变量选取方法的第三次循环中，迭代 6 次，所有模型所对应的 AIC 值都不是 GTWR 模型的最小 AIC 值，因此循环结束。

表 4-5 展示了这三种方法选取的变量结果。基于逐步回归的特征

变量选取方法选取了年均气温、城乡工矿居民地面积、地均 GDP、空间位置、时间 5 个变量，向前引入特征变量选取法选取了城乡工矿居民地面积、年均降雨、空间位置、时间 4 个变量，向后剔除特征变量选取法选取了年均气温、城乡工矿居民地面积、空间位置、时间 4 个变量。对于基于逐步回归特征变量的选取方法的模型，其模型的表达式为公式（4.1）；对于向前引入特征变量的选取方法的模型，其模型的表达式为公式（4.2）；对于向后剔除特征变量的选取方法的模型，其模型的表达式为公式（4.3）。

$$y_i = \beta_0(u_i, v_i, t_i) + \beta_1(u_i, v_i, t_i)ResArea + \beta_2(u_i, v_i, t_i)Rain + \varepsilon_i \quad (4.1)$$

$$y_i = \beta_0(u_i, v_i, t_i) + \beta_1(u_i, v_i, t_i)Tem + \beta_2(u_i, v_i, t_i)ResArea + \varepsilon_i \quad (4.2)$$

$$y_i = \beta_0(u_i, v_i, t_i) + \beta_1(u_i, v_i, t_i)Tem + \beta_2(u_i, v_i, t_i)GDP + \beta_3(u_i, v_i, t_i)ResArea + \varepsilon_i$$

$$(4.3)$$

其中，Tem 表示年均气温；$Rain$ 表示年均降雨量；GDP 表示地区生产总值；$ResArea$ 表示城乡工矿居民地面积。

表 4-5　特征变量选取结果

模型	特征变量选取方法	选取的变量
模型一	向前引入特征变量选取法	城乡工矿居民地面积、年均降雨量
模型二	向后剔除特征变量选取法	年均气温、城乡工矿居民地面积
模型三	基于逐步回归特征变量选取法	年均气温、城乡工矿居民地面积、地区生产总值

为了评价三种方法的性能，本书用 GTWR 方法建立回归模型，计算了各模型的均方误差（mean square error，MSE）、拟合优度 R^2、调整拟合优度 R_{adj}^2 和 AIC，结果如表 4-6 所示。

表 4-6　各模型评价指标值

模型	回归方法	MSE	R^2	R_{adj}^2	AIC
模型一	GTWR	0.032 3	0.743 7	0.740 0	106.358 9
模型二	GTWR	0.039 1	0.689 3	0.684 7	172.503 8
模型三	GTWR	0.023 3	0.815 2	0.812 5	91.336 9

4.4.3　适宜性评价

根据实验结果，进一步分析基于贪心算法特征变量选取方法和基于逐步回归特征变量选取方法的适宜性。

首先，模型一、模型二、模型三的 R^2 和 R^2_{adj} 分别为 0.743 7、0.689 3、0.815 3 和 0.740 0、0.684 7、0.812 5，说明通过基于逐步回归特征变量选取方法和基于逐步回归（向前引入和向后剔除）特征变量选取方法可以建立较可靠的分析模型。

其次，从表 4-5 可知，三种方法选取的变量结果不同，说明建模结果不唯一。从表 4-6 可知，模型三的各项指标均优于模型一和模型二，说明基于逐步回归特征变量选取方法建立的模型优于向前引入特征变量选取方法和向后剔除特征变量选取方法。向前引入特征变量选取法，在第二轮选择中选中了年均降雨量，该方法变量一旦选中后不可剔除，因此不可能得到模型三中的组合。向后剔除特征变量选取法，通过剔除选择了年均气温和城乡工矿居民地面积，而没有选中年均气温，这是因为后向剔除一旦删除变量后不可再选择，因此也不可能得到模型三中的组合。这说明基于贪心算法的特征变量选取方法可能会陷入局部最优值，而无法得到全局最优解。基于逐步回归的特征变量选取方法可以避免陷入局部最优结果，而得到全局可靠的模型。

最后，从建模结果看，三个模型均选取了城乡工矿居民地面积，说明该因素与人口分布具有显著相关性，此外，年均气温、GDP 也是人口分布的显著相关因素，可以通过三者来估算人口分布情况。

4.5　本章小结

本章面向 GTWR 模型提出了两种特征变量选取方法，基于贪心算法和基于逐步回归原理的选取方法。它们都是采用 AIC 作为评价准则，弥补了多元线性回归特征变量选取方法的评价准则无法考虑时空非平稳性的缺点。基于贪心算法的特征变量选取方法按照选取顺序分为向前引入法和向后剔除法，本章详细介绍了向前引入法、向后剔除法和逐步回归方法的算法流程，并以长江经济带人口分布与影响因素关系为例进行实验分析，验证了 GTWR 模型的性能。实验表明，基于逐步回归的特征变量选取方法比向前引入特征变量选取方法和向后剔除特征变量选取方法具有更高的精度。

第5章
时空地理加权混合回归方法

　　根据特征变量的特征，可以分为全局平稳性、局部空间非平稳性、局部时空非平稳性三类特征变量。现实中，事物或现象受多种因素影响，这些因素往往不会只具有单一性质，可能一些因素具有全局平稳特征，而另一些因素具有局部空间或局部时空非平稳特征。如 PM2.5浓度，既与地区的经济发展水平、人口数量有关，也与温度、相对湿度、风速等气象因素有关[15,50-55]。经济发展水平一般用地区生产总值表示，人口数量一般采用常住人口数量表示，这两个指标都是反映一定范围内的整体情况，在这个范围内没有变化，也就是具有全局平稳特征。而气象因素是随着位置和时间不断变化时，即具有时空非平稳特性。又如商品房屋价格，Hedonic 房屋价格模型[36,56-61]认为房价主要受到房屋结构、小区环境、地理位置、建设年代等因素影响。房屋结构包括住宅室内面积、卧室个数、楼层等因素。小区环境因素包括容积率、绿化率、物业费等因素[62-66]。一定范围内物业费的征收标准是相同的，因此它具有全局稳定特征，而房屋结构、距离学校、超市最近距离等因素受采样点变化而变化，具有空间非平稳特征。在时空回归建模分析时，如何同时利用两类不同特征的变量对事物或现象进行拟合分析，对于提升单一类型特征变量回归性能、研究事物本质具有重要意义。

5.1 全局平稳性研究分析

在空间回归建模分析中，已有学者考虑全局平稳性特征变量，并取得了一些成果。Brunsdon C.等首次在空间回归分析中考虑全局平稳性特征变量[67]，他认为并不是所有的特征变量都具有空间非平稳特征，有些特征变量是全局平稳的，或者时空非平稳特征太小可以忽略不计，因此，他在建模中同时考虑全局平稳和局部空间非平稳两种特征变量，提出了混合地理加权回归模型，并采用两步估计估计回归系数和模型，解决了全局稳定和局部空间非平稳同时存在的问题[68]。Brunsdon C.等提出的混合地理加权回归（mixed geographically weighted regression，MGWR）扩展了空间非平稳模型，但并没有给出判定常回归系数和变回归系数的方法，因此很难准确用于数据分析。Wei 等[69]针对 MGWR 模型，在两步估计方法的基础上，从方差分析的角度出发，通过对每个参数的空间非平稳特征进行显著性检验，进而确定常系数和变系数，为建立准确的模型奠定了基础。在局部时空非平稳性研究方面，GTWR 模型能解决空间和时间的非平稳性问题，常被用来分析空间和时间的不同变量之间的定量关系[15,70,71-73]。梅长林等选择从回归系数角度进行空间非平稳性检验，探测每个回归系数的估计值在研究区域内是否随地理位置改变而改变，从而确认各个变量的空间非平稳特性[74]。

针对全局平稳性这类特征变量可以采用普通线性回归方法分析；针对局部空间非平稳性这类变量可以采用地理加权回归方法分析；针对局部时空非平稳特征可以采用时空地理加权回归方法分析；针对全局平稳特征变量和局部空间非平稳特征变量同时存在的情况，可以采用混合地理加权回归方法；而对于全局平稳特征变量和局部时空非平稳特征变量同时存在的情况，上述方法已不适用。因此，本章提出一种时空地理加权混合回归（mixed geographically and temporally weighted regression，MGTWR）方法。它将普通线性回归和时空地理加权回归结合在一起表达因变量的变化，通过普通线性回归了解全局平稳特征的影响，利用时空地理加权回归分析局部时空非平稳特征的影响，从而解决全局平稳特征和局部时空非平稳特征同时存在的问题。

5.2 混合地理加权回归

多元线性回归模型中，回归系数是全局稳定的，即为某个常数，在空间中可表示为一个平行于坐标轴的水平平面。在地理加权回归模型中，回归系数是随空间位置变化而变化的，即表现为一个有起伏变化的平面。事实上，某个因素的影响有多个方面，这些影响因素中有些随空间位置变化而变化，有些的变化非常小可以忽略不计，或者全局稳定保持不变。因此，Brunsdon C.等在地理加权回归的基础上，将多元线性回归与地理加权回归相结合，提出了混合地理加权回归模型[68]。

混合地理加权回归模型的数学表达式为

$$y_i = \beta_0 + \sum_{j=1}^{q} \beta_j x_{ij} + \sum_{k=1}^{p} a_k(u_i, v_i) z_{ik} + \varepsilon_i, \quad i = 1, 2, \cdots, n \tag{5.1}$$

或

$$y_i = \sum_{j=1}^{q} \beta_j x_{ij} + a_0(u_i, v_i) + \sum_{k=1}^{p} a_k(u_i, v_i) z_{ik} + \varepsilon_i, \quad i = 1, 2, \cdots, n \tag{5.2}$$

其中，$(y_i; x_{i1}, x_{i2}, \cdots, x_{ip})$ 表示因变量 y 与自变量 $x_1, x_2, \cdots, x_p$ 的 n 组观测值；$\varepsilon_i \sim N(0, \sigma^2)$，$\mathrm{Cov}(\varepsilon_i, \varepsilon_j) = 0$ $(i \neq j)$；β_j 为观测点 i 的第 j 个常回归系数；(u_i, v_i) 为第 i 个观测点的坐标；$a_k(u_i, v_i)$ 是第 i 个观测点上的第 k 个变回归系数。式（5.1）中的回归常数为常系数，而式（5.2）中的回归常数为变系数。以 5.1 节为例，模型中各项的表达式如下：

$$\boldsymbol{y} = \begin{bmatrix} y_1 \\ y_2 \\ \vdots \\ y_n \end{bmatrix}, \quad \boldsymbol{\beta}_l^a = \begin{bmatrix} \beta_1^a \\ \beta_2^a \\ \vdots \\ \beta_{p_a}^\alpha \end{bmatrix}, \quad \boldsymbol{\beta}_l^b = \begin{bmatrix} \beta_1^b \\ \beta_2^b \\ \vdots \\ \beta_{p_b}^b \end{bmatrix}, \quad \boldsymbol{\varepsilon} = \begin{bmatrix} \varepsilon_1 \\ \varepsilon_2 \\ \vdots \\ \varepsilon_n \end{bmatrix}$$

$$\boldsymbol{X}_a = \begin{bmatrix} 1 & x_{11}^a & \cdots & x_{1p_a}^a \\ 1 & x_{21}^a & \cdots & x_{2p_a}^a \\ \vdots & \vdots & & \vdots \\ 1 & x_{n1}^a & \cdots & x_{np_a}^a \end{bmatrix}, \quad \boldsymbol{X}_b = \begin{bmatrix} x_{11}^b & x_{12}^b & \cdots & x_{1p_b}^b \\ x_{21}^b & x_{22}^b & \cdots & x_{2p_b}^b \\ \vdots & \vdots & & \vdots \\ x_{n1}^b & x_{n2}^b & \cdots & x_{np_b}^b \end{bmatrix}, \quad \boldsymbol{m} = \begin{bmatrix} \sum_{l=1}^{p_b} \beta_{1l}^b x_{1l}^b \\ \sum_{l=1}^{p_b} \beta_{2l}^b x_{2l}^b \\ \vdots \\ \sum_{l=1}^{p_b} \beta_{nl}^b x_{nl}^b \end{bmatrix}$$

（5.3）

式（5.1）或式（5.2）可简写为

$$\boldsymbol{y} = \boldsymbol{X}_a \boldsymbol{\beta}_a + \boldsymbol{m} + \boldsymbol{\varepsilon} \tag{5.4}$$

从公式（5.4）可知，若保留 $\boldsymbol{X}_a \boldsymbol{\beta}_a$ 而将 $\boldsymbol{m}$ 去掉，则混合地理加权回归模型就变为多元线性回归模型；若保留 $\boldsymbol{m}$ 而将 $\boldsymbol{X}_a \boldsymbol{\beta}_a$ 去掉，则混合地理加权回归模型变为地理加权回归模型。由此可见，多元线性回归模型和地理加权回归模型都可以看成是混合地理加权回归模型的特殊形式。

5.3 时空地理加权混合回归方法

5.3.1 MGTWR 模型表达

为了解决全局平稳特征和局部时空非平稳特征同时存在的问题，MGTWR 模型将特征变量分成两部分：一部分是全局特征变量；另一部分是时空非平稳特征变量。前者反映全局平稳特性，用普通线性回归模型表示；后者反映时空非平稳特性，用 GTWR 模型表示。因此，MGTWR 模型表达式可以表示为

$$y_i = \sum_{k=1}^{p_a} \beta_k^{(a)} x_k^{(a)} + \sum_{l=1}^{p_b} \beta_l^{(b)}(\mu_i, v_i, t_i) x_{il}^{(b)} + \varepsilon_i \tag{5.5}$$

其中， $x^{(a)}$ 表示全局自变量； $x^{(b)}$ 表示局部自变量； $\beta^{(a)}$ 表示常回归系数； $\beta^{(b)}$ 表示变回归系数； p_a 表示全局自变量个数； p_b 表示局部自变量个数； $\varepsilon_i \sim N(0,\sigma^2)$ 。 $(y_i; x_{i1}^{(a)}, x_{i2}^{(a)}, \cdots, x_{ip_a}^{(a)}, x_{i1}^{(b)}, x_{i2}^{(b)}, \cdots, x_{ip_b}^{(b)})$ 表示在第 t_i 时刻，位于 (μ_i, v_i) 点的观测值 $(i = 1, 2, \cdots, n)$ ， y_i 表示因变量，则

$$y = \begin{bmatrix} y_1 \\ y_2 \\ \vdots \\ y_n \end{bmatrix}, \boldsymbol{\beta}^{(a)} = \begin{bmatrix} \beta_1^{(a)} \\ \beta_2^{(a)} \\ \vdots \\ \beta_{p_a}^{(a)} \end{bmatrix}, \boldsymbol{\beta}^{(b)} = \begin{bmatrix} \beta_1^{(b)} \\ \beta_2^{(b)} \\ \vdots \\ \beta_{p_b}^{(b)} \end{bmatrix}, \boldsymbol{\varepsilon} = \begin{bmatrix} \varepsilon_1 \\ \varepsilon_2 \\ \vdots \\ \varepsilon_n \end{bmatrix}$$

需要指出的是，自变量被分成两组：全局自变量和局部自变量。对于任意一个自变量，它要么在全局自变量组，要么在局部自变量组，但不可能同时位于两组中。因此，根据截距的平稳特征，自变量有两种表达方式。当截距是全局平稳，位于全局自变量组时，自变量 $\boldsymbol{x}^{(a)}$ 和 $\boldsymbol{x}^{(b)}$ 表示如下：

$$\boldsymbol{x}^{(a)} = (1, x_1^{(a)} \cdots, x_k^{(a)}), \ \boldsymbol{x}^{(b)} = \begin{bmatrix} x_{11}^{(b)} & x_{12}^{(b)} & \cdots & x_{1p_b}^{(b)} \\ x_{21}^{(b)} & x_{22}^{(b)} & \cdots & x_{2p_b}^{(b)} \\ \vdots & \vdots & & \vdots \\ x_{n1}^{(b)} & x_{n2}^{(b)} & \cdots & x_{np_b}^{(b)} \end{bmatrix} \qquad （5.6）$$

当截距是局部非平稳，位于局部自变量组时，自变量 $\boldsymbol{x}^{(a)}$ 和 $\boldsymbol{x}^{(b)}$ 表示如下：

$$\boldsymbol{x}^{(a)} = (x_1^{(a)}, x_2^{(a)}, \cdots, x_k^{(a)}), \boldsymbol{x}^{(b)} = \begin{bmatrix} 1 & x_{11}^{(b)} & \cdots & x_{1p_b}^{(b)} \\ 1 & x_{21}^{(b)} & \cdots & x_{2p_b}^{(b)} \\ \vdots & \vdots & & \vdots \\ 1 & x_{n1}^{(b)} & \cdots & x_{np_b}^{(b)} \end{bmatrix} \qquad （5.7）$$

令

$$\boldsymbol{m} = \begin{bmatrix} \sum_{l=1}^{Pb} \beta_{1l}^{(b)} x_{1l}^{(b)} \\ \sum_{l=1}^{Pb} \beta_{2l}^{(b)} x_{2l}^{(b)} \\ \vdots \\ \sum_{l=1}^{Pb} \beta_{nl}^{(b)} x_{nl}^{(b)} \end{bmatrix}$$

那么式（5.5）可化简为

$$y = X^{(a)}\beta^{(a)} + m + \varepsilon \qquad (5.8)$$

式（5.8）右侧第一项表示全局变化特征，第二项表示时空变化特征。如果式（5.8）没有全局变量，表达式变成 GTWR 模型；如果式（5.8）没有时空变量，表达式变成普通线性回归。

与 GTWR 模型相似，MGTWR 模型通过计算权重矩阵来反映时空非平稳特征。权重矩阵中的权重值由距离和带宽决定。Huang 等在 GTWR 模型中定义了时空距离如下：

$$\begin{cases} (d_{ij}^{S})^2 = (u_i - u_j)^2 + (v_i - v_j)^2 \\ (d_{ij}^{T})^2 = (t_i - t_j)^2 \\ (d_{ij}^{ST})^2 = \varphi[(u_i - u_j)^2 + (v_i - v_j)^2]^S + \varphi^T(t_i - t_j)^2 \end{cases} \qquad (5.9)$$

其中，d_{ij}^{S} 表示观测点 i 到观测点 j 的平面距离；d_{ij}^{T} 表示观测点 i 到观测点 j 的时间距离；d_{ij}^{ST} 表示观测点 i 到观测点 j 的时空距离；φ^{S} 表示空间比例因子；φ^{T} 表示时间比例因子。由式（5.5）可知，时空距离是空间距离和时间距离的比例和。式（5.5）中引入两个新的未知数 φ^{S} 和 φ^{T}，这给计算带来了麻烦，为了减少未知数个数，令 $\tau = \varphi^{T}/\varphi^{S}(\varphi^{S} \neq 0)$，则上述公式可化简为

$$\frac{(d_{ij}^{ST})^2}{\varphi^{S}} = [(u_i - u_j)^2 + (v_i - v_j)^2] + \tau(t_i - t_j)^2 \qquad (5.10)$$

一般地，令 $\varphi^{S} = 1$，时空距离可表示为

$$d_{ij}^{ST} = \sqrt{[(u_i - u_j)^2 + (v_i - v_j)^2] + \tau(t_i - t_j)^2} \qquad (5.11)$$

那么，时空距离中只有一个未知参数 τ，称为时空比例因子。

5.3.2　基于加权最小二乘的两步估计

根据 MGTWR 特征变量的分类，回归系数分为常回归系数和时空变回归系数。在同一个 MGTWR 模型中，常回归系数是一个常数，变

回归系数是一组 n 维向量。回归系数的维度不一致，导致无法直接运用最小二乘方法求解。因此，需要对 MGTWR 的回归系数分步求解。本书采用两步估计法对 MGTWR 进行求解。

第一步：利用 GTWR 模型的加权最小二乘估计方法和普通线性回归模型的最小二乘估计方法，计算 MGTWR 模型中的常系数。

（1）将式（5.5）中的 $X^{(a)}\beta^{(a)}$ 移到左侧，得到以下表达式：

$$y - X^{(a)}\beta^{(a)} = X^{(b)}\beta^{(b)} + \varepsilon \quad (5.12)$$

（2）将式（5.12）左侧看作一个整体，式（5.12）是 GTWR 模型的表达形式，令 $Z = y - X^{(a)}\beta^{(a)}$，则式（5.12）可表示为

$$Z = X^{(b)}\beta^{(b)} + \varepsilon \quad (5.13)$$

（3）根据 GTWR 模型的权重最小二乘估计方法，可以计算 Z 的估计值：

$$\hat{Z} = SZ = S(y - X^{(a)}\beta^{(a)}) \quad (5.14)$$

其中

$$S = \begin{bmatrix} X_1^{(b)}(X^{(b)'}W_1 X^{(b)})^{-1}X^{(b)'}W_1 \\ X_2^{(b)}(X^{(b)'}W_2 X^{(b)})^{-1}X^{(b)'}W_2 \\ \vdots \\ X_n^{(b)}(X^{(b)'}W_n X^{(b)})^{-1}X^{(b)'}W_n \end{bmatrix}, \quad W_i = \begin{bmatrix} W_{i1} & 0 & \cdots & 0 \\ 0 & W_{i2} & \cdots & 0 \\ \vdots & \vdots & & \vdots \\ 0 & 0 & \cdots & W_{in} \end{bmatrix}$$

（4）将 Z 的估计值带入式（5.13），整理得到关于 $X^{(a)}\beta^{(a)}$ 的表达式：

$$(I - S)y = (I - S)X^{(a)}\beta^{(a)} + \varepsilon \quad (5.15)$$

令 $D = (I - S)y, Q = (I - S)X^{(a)}$，式（5.5）即可以表示为普通线性回归模型：

$$D = Q\beta^{(a)} + \varepsilon \quad (5.16)$$

（5）根据普通线性回归的最小二乘估计方法，可计算 $\hat{\beta}^{(a)}$ 值：

$$\begin{aligned} \hat{\beta}^{(a)} &= (Q'Q)^{-1}Q'D \\ &= \{[(I-S)X^{(a)}]'(I-S)X^{(a)}\}^{-1}[(I-S)X^{(a)}]'(I-S)y \quad (5.17) \\ &= [X^{(a)'}(I-S)'(I-S)X^{(a)}]^{-1}X^{(a)'}(I-S)'(I-S)y \end{aligned}$$

第二步：在得到常系数估计值后，MGTWR 模型可转换成 GTWR 模型，利用 GTWR 模型的加权最小二乘估计方法，可计算 MGTWR 模型中的变系数和因变量估计值，得到帽子矩阵。

（1）由式（5.13）和式（5.17），可以计算变系数估计值：

$$\hat{\beta}_i^{(b)} = (X^{(b)'}W_iX^{(b)})^{-1}X^{(b)'}W_iZ$$
$$= (X^{(b)'}W_iX^{(b)})^{-1}X^{(b)'}W_i(y-X^{(a)}\hat{\beta}^{(a)}) \tag{5.18}$$

（2）在得到常系数和变系数估值后，可计算因变量值，过程如下：

$$\hat{y} = X^{(a)}\hat{\beta}^{(a)} + X^{(b)}\hat{\beta}^{(b)}$$
$$= X^{(a)}\hat{\beta}^{(a)} + X^{(b)}(X^{(b)'}W_iX^{(b)})^{-1}X^{(b)'}W_i(y-X^{(a)}\hat{\beta}^{(a)})$$
$$= X^{(a)}\hat{\beta}^{(a)} + X^{(b)}(X^{(b)-1}S)(y-X^{(a)}\hat{\beta}^{(a)}) \tag{5.19}$$
$$= Sy + (I-S)X^{(a)}\hat{\beta}^{(a)}$$
$$= \{S + (I-S)X^{(a)}[X^{(a)'}(I-S)'(I-S)X^{(a)}]^{-1}X^{(a)'}(I-S)'(I-S)\}y$$

（3）根据式（5.19），可得 MGTWR 帽子矩阵表达式：

$$S^* = S + (I-S)X^{(a)}[X^{(a)'}(I-S)'(I-S)X^{(a)}]^{-1}X^{(a)'}(I-S)'(I-S) \tag{5.20}$$

5.3.3　算法流程

根据 MGTWR 模型表达式和基于加权最小二乘的两步估计方法，本书给出了 MGTWR 模型的算法流程。整体上 MGTWR 模型计算分为两部分：一是确定参数；二是基于加权最小二乘的两步估计。如图 5-1 所示，上半部分表示参数确定，下半部分表示基于加权最小二乘的两步估计。根据地理加权回归的基本原理，参数确定的过程实质上是根据 AIC 准则求最优解的过程，每计算一次 *AIC* 值，都是一个基于加权最小二乘的两步估计过程。下面给出具体步骤。

表 5-1　顾及全局平稳特征的时空地理加权回归方法算法

算法描述：顾及全局平稳特征的时空地理加权回归方法

输入：特征变量集合、因变量、空间位置变量、时间变量、备选带宽和时空比例因子取值范围。

输出：回归系数估值、因变量估值、AIC 值。

算法步骤：

步骤 1：初始化数据。设置带宽和时空比例因子的取值范围，形成有限个数的取值组合，执行步骤 2。

步骤 2：针对每一组带宽和时空比例因子取值组合，执行步骤 3 至步骤 8。结束后，执行步骤 9。

步骤 3：利用特征变量集合、因变量、空间位置变量、时间变量、带宽和时空比例因子建立 MGTWR 模型。

步骤 4：利用时间变量、带宽和时空比例因子对每个观测点建立空间核函数。

步骤 5：通过空间核函数和时间变量、带宽、时空比例因子计算每个观测点的权重值，构造空间权重矩阵。

步骤 6：利用特征变量集合、因变量和空间权重矩阵估算常回归系数估计值。

步骤 7：利用特征变量集合、因变量和空间权重矩阵估算变回归系数估计值。

步骤 8：计算该模型的 AIC 值。

步骤 9：选择最小 AIC 值对应模型的参数，即为最优带宽和时空比例因子。

步骤 10：利用特征变量集合、因变量、空间位置变量、时间变量、最优带宽和时空比例因子建立 MGTWR 模型。

步骤 11：执行步骤 4 至步骤 7，并估算因变量估计值。

算法结束

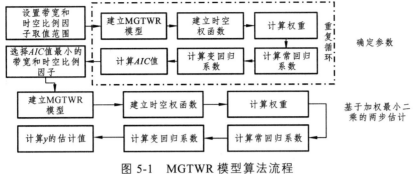

图 5-1 MGTWR 模型算法流程

5.4 方法验证和应用

为了测试 MGTWR 模型的性能，本章以 MGWR 模型和 GTWR 模型为对比方法，分别设计模拟数据实验和真实数据实验。由于模拟数据的真值是已知的，可以对比估计值和真实值之间的关系。虽然真实数据无法得到实际值，却可以对比不同方法的实用性。两个实验互相补充，从不同角度全面分析 MGTWR 模型性能，为了解 MGTWR 模型特征提供依据。

5.4.1 模拟数据实验

1）实验数据设计

本文以 u, v 为平面坐标轴，以 t 为时间轴建立一个三维立体空间。设空间左下角为原点，立体空间每个坐标轴长度均为 12 单位长度，令 u, v, t 的取值分别为 0，1，2，…，$m-1$，观测点均匀地分布在 $m \times m \times m$ 的格点上，那么空间内共有 $n = m^3$ 个观测点，观测点的坐标取值可以按照以下公式计算：

$$(u_i, v_i, t_i) = \left(\mathrm{mod}(i-1, m), \mathrm{mod}\left(\mathrm{int}\left(\frac{i-1}{m}\right), m \right), \mathrm{int}\left(\frac{i-1}{m^2}\right) \right), i = 1, 2, \cdots, m^3$$

（5.21）

其中，$\mathrm{mod}(a, b)$ 表示 a 除以 b 后的余数；$\mathrm{int}(a/b)$ 表示 a 除以 b 后取整。模拟数据采样点如图 5-2 所示。

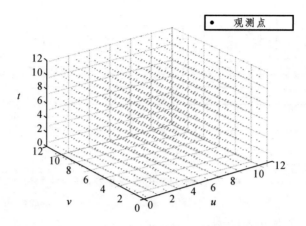

图 5-2 模拟数据观测点分布示意图

模拟数据的因变量是由系数、自变量和残差生成的，其公式如下：

$$y_i = \beta_0 + \beta_1 x_{1i} + \beta_2 x_{2i} + \varepsilon_i, \quad i = 1, 2, \cdots, n \quad (5.22)$$

其中，x_{1i}，x_{2i} 是分布在 (-4, 4) 之间的随机数；残差 $\varepsilon_i (i=1,2,\cdots,n)$ 是服从正态分布的随机数 $\varepsilon_i \sim N(0,1)$；回归系数 β_0，β_1，β_2 与 u，v，t 相关。本书设置三组模型，第一组是常系数和空间变系数组合，第二组是时空变系数组合，第三组是常系数和时空变系数组合。三组公式如下：

Group 1: $\beta_0 = (u+v)/6, \beta_1 = 2, \beta_2 = 1/324[36-(6-u)^2][36-(6-v)^2]$

Group 2: $\beta_0 = (u+v)/6, \beta_1 = u/6, \beta_2 = \dfrac{(u+v+t)}{12}$

Group 3: $\beta_0 = (u+v)/6, \beta_1 = 2, \beta_2 = \dfrac{(u+v+t)}{12}$

按照上述条件，生成 3 组数据（Group 1 ~ Group 3），为了消除数据生成时产生的随机误差，每组数据生成 10 套，每个方法重复 10 次，计算结果为 10 次结果的平均值。

2）实验结果分析

本文采用基于 CV 方法，分别计算 Group 1 ~ Group 3 数据在 MGWR、GTWR 和 MGTWR 方法下的最优带宽和最优时空因子。表 5-2 记录了 10 次重复实验的统计结果情况。表 5-2 中，Group 1 在 GTWR、MGTWR

方法下，最优时空参数最大值、最小值和均值一样，即 10 次重复实验的结果没有变化，这是因为 Group 1 是常系数和空间变系数模型，没有时间参数影响，所以时空参数固定且最小。

表 5-2 基于 CV 法最优时空参数结果统计

数据	统计指标	MGWR	GTWR		MGTWR	
		最优带宽	最优带宽	最优时空因子	最优带宽	最优时空因子
Data1	min	1.34	1.41	0.01	2.075	0.01
	mean	1.655	1.844	0.01	2.442 5	0.01
	max	1.83	2.18	0.01	2.95	0.01
Data2	min	1.69	1.48	0.129	1.725	0.209 5
	mean	1.872	1.774	0.239 6	2.057 5	0.409
	max	2.04	1.9	0.366	2.25	0.608 5
Data3	min	1.69	1.9	0.287	2.25	0.608 5
	mean	1.809	1.984	0.326 5	2.512 5	0.788 05
	max	1.9	2.11	0.445	2.95	1.207

为了评价方法的适用性，本书选择 AIC 作为评价指标。一般地，当两种方法的 AIC 值相差大于 3 时，认为两个方法有显著差异，且 AIC 值小的模型较好。表 5-3 给出了 Dataset 1 ~ Dataset 3 在 MGWR、GTWR 和 MGTWR 下的 AIC 平均值。Dataset 1 和 Dataset 3 中，MGTWR 方法取得了最小的 AIC 值，说明在全局平稳变量存在的情况下，MGTWR 比 MGWR 和 MGTWR 更适用。Dataset 2 中，MGTWR 方法的 AIC 值比 GTWR 值大，说明 MGTWR 性能比 GTWR 性能差，这是因为 MGTWR 将时空非平稳变量当作全局平稳变量处理，造成了适应能力下降。

表 5-3   Dataset 1 ～ Dataset 3 在三种方法下的 *AIC* 均值统计

数据	MGWR	GTWR	MGTWR	MGTWR/MGWR Improvement	MGTWR/GTWR Improvement
Dataset 1	592.156 6	635.012 8	589.45	2.7066	45.562 8
Dataset 2	7 168.606	6 493.464	6 532.238	36.368	−38.774
Dataset 3	6 516.37	6 439.214	6 403.558	112.812	35.656

为了进一步分析 MGTWR 方法的性能，本书绘制了回归系数的真值和基于 MGWR、GTWR 和 MGTWR 拟合值的分布图，其中拟合值是 10 次实验的平均值。图 5-3 为常系数和空间变系数条件下常回归系数的拟合情况。图 5-4 为常系数和空间变系数条件下变回归系数的拟合情况。图 5-5 ～ 图 5-7 为时空变系数条件下某一时刻的时空变系数拟合值。图 5-8 为常系数和时空变系数条件下常系数的拟合值。图 5-9 ～ 图 5-11 为常系数和时空变系数条件下某一时刻的时空变系数拟合值。图 5-3 ～ 图 5-11 中，（a）是真值图，（b）是基于 MGWR 的拟合值，（c）是基于 GTWR 的拟合值，（d）是基于 MGTWR 的拟合值。

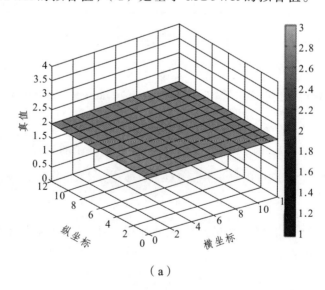

（a）

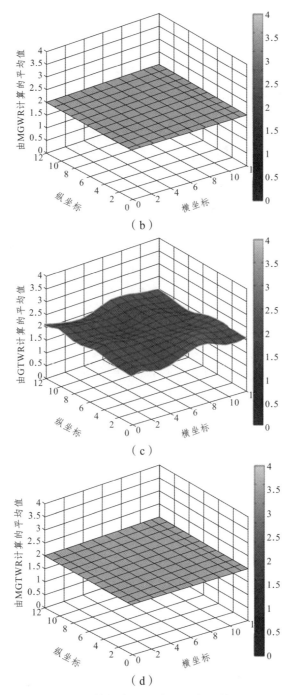

图 5-3 数据集 1：模拟拟合系数 β_1

注：（a）真值；（b）由 MGWR 计算的平均值；（c）由 GTWR 计算的平均值；（d）由 MGTWR 计算的平均值。

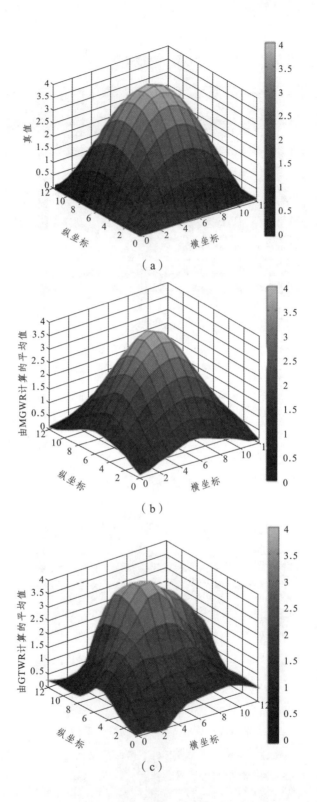

（a）

（b）

（c）

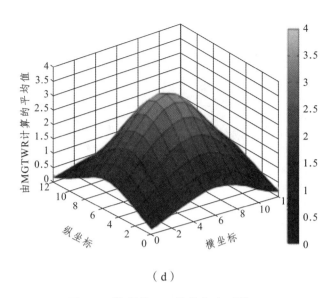

（d）

图 5-4　数据集 1：模拟拟合系数 β_2

注：（a）真值；（b）由 MGWR 计算的平均值；（c）由 GTWR 计算的平均值；（d）由 MGTWR 计算的平均值。

　　根据回归系数拟合值分布图分析各方法性能。首先，在常系数和空间变系数情况下，图 5-3 展示了三种方法对 Data1 中常系数 β_1 的拟合情况。显然，基于 MGWR、MGTWR 方法的结果与真值接近，而 MGTWR 结果呈现空间变化态势，这是因为 GTWR 无法拟合常系数，而将常系数当作时空系数处理造成的。图 5-4 展示了三种方法对 Data1 中变系数 β_2 的拟合情况。结果显示，三种方法均反映出 β_2 的变化情况，尽管 MGTWR 在准确性上比 MGWR 略差，但依然能反映空间变系数的分布规律。因此，可以得到以下结论：在常系数和空间变系数存在的情况下，MGTWR 能反映常系数的分布规律，能较好地反映空间变系数的分布规律。

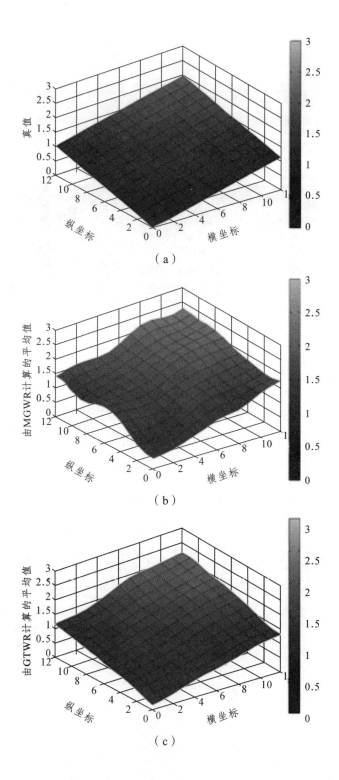

（a）

（b）

（c）

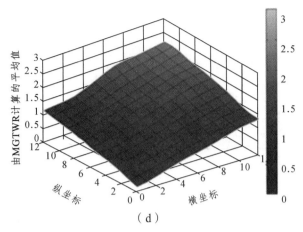

（d）

图 5-5　数据集 2：当 $t = 0$ 时的模拟拟合系数 β_2

注：（a）真值；（b）由 MGWR 计算的平均值；（c）由 GTWR 计算的平均值；（d）由 MGTWR 计算的平均值。

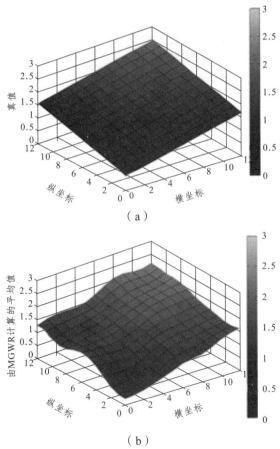

（a）

（b）

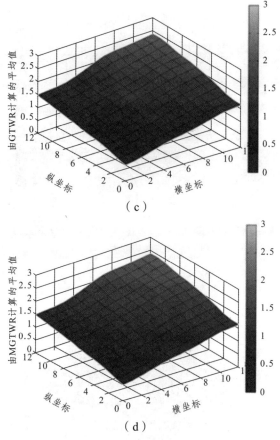

（c）

（d）

图 5-6　数据集 2：当 $t = 6$ 时的模拟拟合系数 β_2

注：（a）真值；（b）由 MGWR 计算的平均值；（c）由 GTWR 计算的平均值；（d）由 MGTWR 计算的平均值。

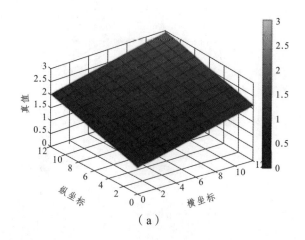

（a）

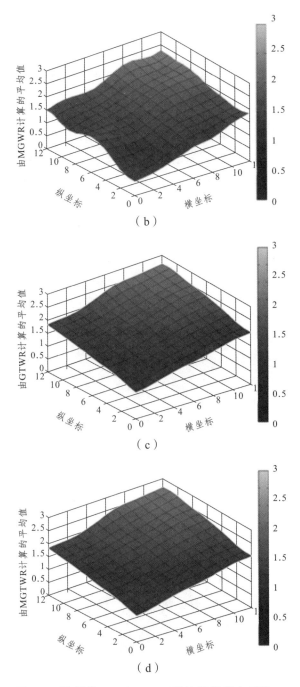

图 5-7　数据集 2：当 $t = 12$ 时的模拟拟合系数 β_2

注：（a）真值；（b）由 MGWR 计算的平均值；（c）由 GTWR 计算的平均值；（d）由 MGTWR 计算的平均值。

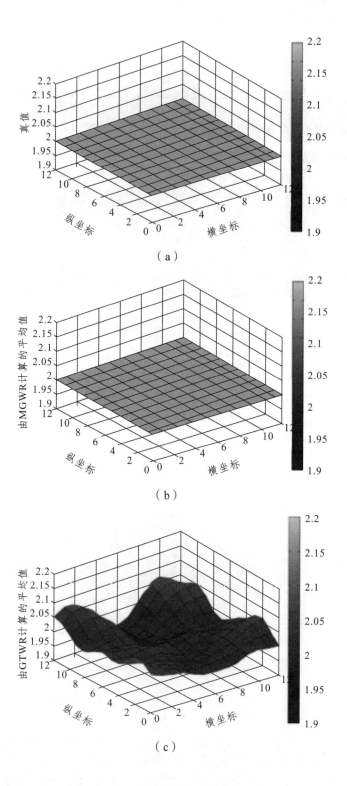

（a）

（b）

（c）

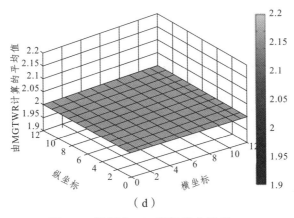

（d）

图 5-8　数据集 3：模拟拟合系数 β_2

注：（a）真值；（b）由 MGWR 计算的平均值；（c）由 GTWR 计算的平均值；（d）由 MGTWR 计算的平均值。

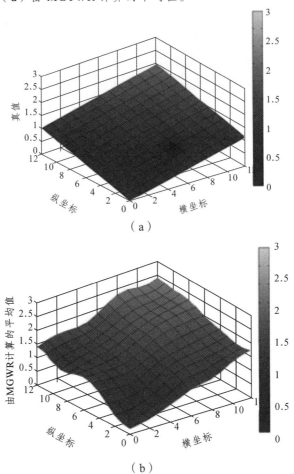

（a）

（b）

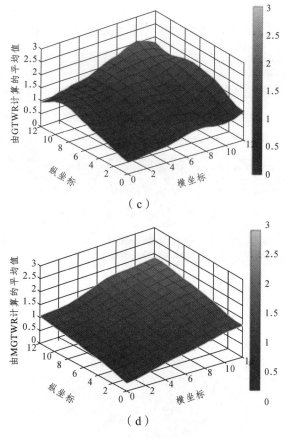

（c）

（d）

图 5-9　数据集 3：当 $t = 0$ 时的模拟拟合系数 β_2

注：（a）真值；（b）由 MGWR 计算的平均值；（c）由 GTWR 计算的平均值；（d）由 MGTWR 计算的平均值。

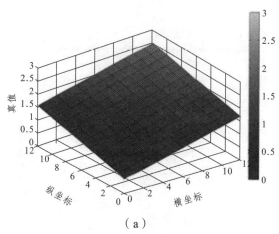

（a）

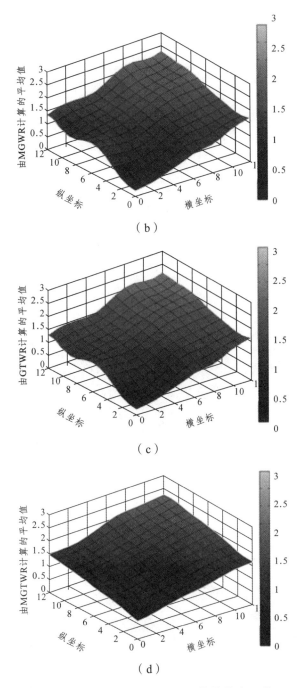

（b）

（c）

（d）

图 5-10 数据集 3：当 $t=6$ 时的模拟拟合系数 β_2

注：（a）真值；（b）由 MGWR 计算的平均值；（c）由 GTWR 计算的平均值；（d）由 MGTWR 计算的平均值。

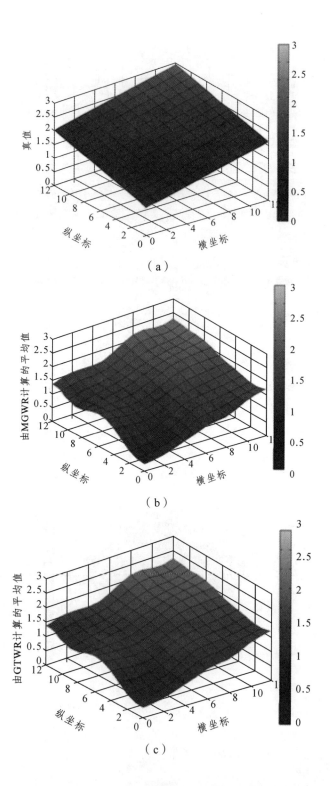

（a）

（b）

（c）

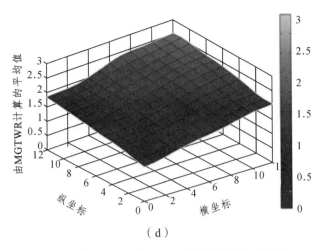

图 5-11 数据集 3：当 $t = 12$ 时的模拟拟合系数 β_2

注：（a）真值；（b）由 MGWR 计算的平均值；（c）由 GTWR 计算的平均值；（d）由 MGTWR 计算的平均值。

最后，在常系数和时空变系数情况下，图 5-8 展示了三种方法对 Data 3 中常系数 β_1 的拟合情况。图 5-9 ~ 图 5-11 展示了三种方法对 Data 3 中时空变系数 β_2 的拟合情况。其中，图 5-9 展示了 $t=0$ 时回归系数的拟合情况，图 5-10 展示了 $t=6$ 时回归系数的拟合情况，图 5-11 展示了 $t=12$ 时回归系数的拟合情况。从图中可以看出，图 5-8（d）和图 5-8（b）与图 5-8（a）接近，而与图 5-8（c）相差很大，说明 GTWR 对常系数拟合存在不足，而 MGWR 和 MGTWR 方法能较好地反映常系数的分布规律。如图 5-9（b）、图 5-10（b）、图 5-11（b）所示，MGWR 的拟合结果并没有因为时间变化而发生变化，说明 MGWR 对时空变系数拟合存在不足，而 GTWR 和 MGTWR 能较好地反映真实情况。因此，在常系数和时空变系数情况下，MGTWR 比 GTWR、MGWR 能更好地反映真值的变化规律。

5.4.2 方法应用

为了更好地测试 MGTWR 方法的性能，本书以北京市住宅销售价格为特征价格数据，构建特征价格模型，开展方法应用分析。特征价格模型可以建立房屋特征与房价之间的定量关系。特征价格模型表明，房价的变化受房屋结构、周边环境、地理区位、建造时间等因素影响。房屋结构包括房屋室内面积、卫生间数量、楼层等因素。周边环境包括容积率、绿化率以及距小学、商场的距离等因素。地理位置是指房屋的地理位置。建设年代是指房屋的建造时间等。本书以北京市城区1961个房屋样本点数据为基础，以房屋销售价格为因变量，以住宅室内面积、绿化率、容积率、小区物业费、距最近小学的距离、距最近超市的距离为自变量，以位置坐标和建设年代为时空变量，建立特征价格模型。房屋样本数据来自国家统计局。

在建立模型时，要对连续型变量取对数运算，一方面可以降低量纲的影响，另一方面降低多重共线性和异方差带来的误差。处理的变量包括房屋价格 $\ln Price$、住宅面积 $\ln FArea$、绿化率 $\ln GRatio$、容积率 $\ln PRatio$、住宅小区物业管理费 $\ln PFee$、距最邻近小学的距离 $\ln D_{PriShool}$、距最邻近超市的距离 $\ln D_{ShoppingMall}$。住宅销售特征价格变量计算方法和说明如表 5-4 所示。

表 5-4 住宅销售特征价格变量计算方法和说明

变量	处理方法和变量说明
$Intercept$	房屋价格，单位：万元/平方米
$\ln PRatio$	容积率，即小区内总建筑面积与土地总面积的比
$\ln GRatio$	绿化率，即小区内非建筑用地面积与土地总面积的比
$\ln FArea$	住宅面积，单位：平方米
$\ln PFee$	住宅小区物业费，单位：元/月
$\ln D_{priSchool}$	距最近小学的空间距离，单位：米
$\ln D_{ShoppingMall}$	距最近超市的空间距离，单位：米
Age	房屋的建造时间，以 1980 年为基准，每增加一年加 1

采用上述数据进行真实数据实验，在建立 MGWR、MGTWR 模型时，需要确定全局变量和局部变量。本书先假定所有自变量都是局部变量，建立 GTWR 模型，然后对回归系数进行非平稳性检验。如果回归系数的时空非平稳特征显著，说明对应的自变量为局部变量；如果回归系数的时空非平稳特征不显著，说明对应的变量为全局变量。采用 CV 法计算 GTWR 模型的时空带宽参数，其中最优的空间带宽为 7700 米，最优的时空因子为 1 500 000。建立时空地理加权回归模型，并检验回归系数的时空非平稳特征，如表 5-5 所示。结果表明，首先真实数据存在显著的时空非平稳特征和全局特征，MGTWR 方法比 MGWR、GTWR 方法更合适；其次由各回归系数可以看出，常数项 $Intercept$、绿化率 $lnGRatio$、住宅室内面积 $lnFArea$、距最邻近小学的平面距离 $lnD_{PriSchool}$ 既具有空间非平稳性，也具有时间非平稳性，可以作为局部变量。而住宅小区的管理费 $lnPFee$ 既不具备空间非平稳特征，也不具备时间非平稳特征，可以作为全局变量。此外，由于容积率 $lnPRatio$、距最邻近超市的距离 $lnD_{ShoppingMall}$ 只具有时间非平稳性，空间非平稳性不显著，本书将这两个变量都看作全局变量。

表 5-5　时空非平稳性检验

	$Intercept$	$lnPRatio$	$lnGRatio$	$lnFArea$	$lnPFee$	$lnD_{priSchool}$	$lnD_{Shopping}$	Age
空间	<0.001*	>0.1	<0.001*	<0.001*	>0.3	<0.05*	>0.1	<0.05*
时空	<0.001*	<0.001*	<0.001*	<0.001*	>0.05	<0.001*	<0.001*	<0.001*

注：*表示 5%的显著性水平。

根据假设检验结果，分别采用 MGWR、GTWR、MGTWR 方法建立模型。本书采用 CV 法计算最优时空参数，如表 5-6 所示。结果显示，MGWR 最优带宽为 8 000 米、GTWR 为 7 700 米、MGTWR 为 4 040 米。GTWR 和 MGTWR 需要在最优带宽的基础上进一步计算，确定最优时空因子。GTWR 最优时空因子为 1 500 000，MGTWR 为 212 000。

采用最优时空参数，分别建立 MGWR、GTWR 和 MGTWR 模型。本书对各模型系数估计结果汇总，分别统计最小值、下四分位数、平均值、中位数、上四分位数、最大值和标准差。MGWR 模型回归系数统计结果如表 5-6 所示，GTWR 模型回归系数统计结果如表 5-7 所示，MGTWR 模型回归系数统计结果如表 5-8 所示。首先，在 MGWR 和 MGTWR 模型中，容积率、住宅小区的管理费以及距最邻近超市的距离三个自变量的回归系数为常数，这是因为这三者是全局变量，不存在时空非平稳特征。其中容积率与房价成负相关，说明容积率高，房价相对会降低，事实上，容积率高，土地使用成本降低，开发成本降低，因此房屋销售价格相对会低。管理费和距最邻近超市的距离与房价成正相关，即管理费越高，房屋销售价格越高。一般来讲，高档小区会提供优良的物业服务，管理费用会比较高，因此管理费反映小区的服务水平，侧面反映小区住宅价格。距最邻近超市的距离与房价成正比，说明距离超市越远，房屋销售价格越高，而 GTWR 模型也反映了同样的规律，这与一般认识不同，其内在机制需要进一步研究。其次，绿化率、住宅室内面积、距最邻近小学的距离为局部变量，表现出时空非平稳特性。其中住宅室内面积与房屋销售价格成正相关，即住宅室内面积越大，房价越高；距最邻近小学的距离与房价成负相关，即距离小学越近，房屋价格越高，事实上，北京市学区房价格普遍高于一般住宅小区，三个模型都验证了这一特征。绿化率对房价的影响效果与时间和位置有很大关系，有的区域呈现正相关，有的区域呈现负相关。

表 5-6　基于 MGWR 模型的回归系数统计

变量	最小值	下四分位数	平均值	中位数	上四分位数	最大值	标准差
Intercept	−6.494	1.709	1.832	2.056	2.231	3.717	0.662
ln*PRatio*	−0.007	−0.005	−0.005	−0.005	−0.005	−0.005	0.000

	最小值	下四分位数	平均值	中位数	上四分位数	最大值	标准差
$\ln GRatio$	−3.744	−0.234	−0.104	−0.114	0.004	1.163	0.217
$\ln FArea$	0.051	0.902	0.956	0.927	0.973	2.542	0.091
$\ln PFee$	0.035	0.035	0.035	0.035	0.035	0.035	0.000
$\ln D_{priSchool}$	−0.101	−0.027	−0.018	−0.012	−0.008	0.257	0.015
$\ln D_{ShoppingMall}$	0.015	0.015	0.015	0.015	0.015	0.015	0.000

表 5-7 基于 GTWR 模型的回归系数统计

变量	最小值	下四分位数	平均值	中位数	上四分位数	最大值	标准差
$Intercept$	−4.688	1.366	1.832	1.922	2.394	3.743	0.908
$\ln PRatio$	−0.330	−0.016	0.003	−0.003	0.012	0.231	0.033
$\ln GRatio$	−2.673	−0.166	−0.048	−0.054	0.101	1.312	0.235
$\ln FArea$	0.453	0.834	0.932	0.944	1.037	1.761	0.152
$\ln PFee$	−0.751	−0.004	0.038	0.018	0.051	0.808	0.128
$\ln D_{priSchool}$	−0.061	−0.026	−0.018	−0.017	−0.009	0.466	0.018
$\ln D_{ShoppingMall}$	−0.092	0.011	0.023	0.024	0.036	0.659	0.029

表 5-8 基于 MGTWR 模型的回归系数统计

变量	最小值	下四分位数	平均值	中位数	上四分位数	最大值	标准差
$Intercept$	−6.585	1.190	1.617	1.908	2.208	3.106	0.908
$\ln PRatio$	−0.366	−0.013	0.002	−0.004	0.008	0.250	0.029
$\ln GRatio$	−2.053	−0.158	−0.018	−0.059	0.1128	2.200	0.220
$\ln FArea$	−0.049	0.807	0.929	0.942	1.056	2.413	0.173
$\ln PFee$	0.022	0.022	0.022	0.022	0.022	0.022	0.000
$\ln D_{priSchool}$	−0.067	−0.017	−0.011	−0.010	−0.005	0.476	0.017
$\ln D_{ShoppingMall}$	−0.090	0.011	0.024	0.023	0.038	0.680	0.029

为了对比 MGWR、GTWR 和 MGTWR 模型的性能，本书计算了各模型的均方误差、拟合优度（R^2）、调整拟合优度（R^2_{adj}）、标准化的残差平方和（σ^2）和 AIC，结果如表 5-9 所示。首先，从拟合优度指标

看，MGWR、GTWR、MGTWR 模型的 R^2 和 R^2_{adj} 均超过 0.8，说明三种方法均适用于本文的真实数据，而 MGTWR 模型的 R^2 比 MGWR 提升了 6.38%，比 GTWR 提升了 2.03%。MGTWR 模型的 R^2_{adj} 比 MGWR 提升了 6.4%，比 GTWR 提升了 2.03%，说明 MGTWR 模型的拟合效果最好。其次，从 AIC 看，MGTWR 模型的 AIC 值最小，且与 GTWR 和 MGTWR 模型的 AIC 值相差远大于 3，说明 MGTWR 方法比 GTWR、MGWR 方法更适合本书的真实数据。最后，从均方误差和标准化的残差平方和看，MGTWR 模型的值最小，特别是在均方误差指标上，MGTWR 比 MGWR 提升了 27.87%，比 GTWR 提升了 11.41%，说明 MGTWR 在全局变量、时空局部变量同时存在时，性能比 GTWR 和 MGWR 有显著提升。

表 5-9　各模型性能指标对比一览表

	MSE	R^2	R^2_{adj}	σ^2	AIC
MGWR	0.095 8	0.813 5	0.812 9	1 113.195 8	1 113.195 8
GTWR	0.078	0.848 2	0.847 7	987.755 8	987.755 8
MGTWR	0.069 1	0.865 4	0.864 9	858.991 7	858.991 7
MGTWR/MGWR	27.87%	6.38%	6.40%	254.20	254.20
MGTWR/GTWR	11.41%	2.03%	2.03%	128.76	128.76

首先，整体上看，住宅室内面积基本与房屋价格成正相关。事实上，当住宅单位面积价格相同时，室内面积越大，房屋销售价格越高，三个模型均反映出这一规律。其次，从住宅室内面积对房屋销售价格影响程度看，三个模型均表现出城区内部相关程度小，如东城区、西城区，城区外部相关程度大，如朝阳区、丰台区。这是因为北京市城区内部，住宅基本上是小户型，以一居室、两居室为主，而城区外部，住宅类型增多，出现三居室及以上的大户型，因此住宅室内面积对房屋销售价格影响程度更显著。最后，从空间上看，MGWR 模型虽然反映出空间的非平稳特征，但同一区域的影响程度变化不大，海淀区的

影响系数基本在 0.9~1.06 之间。GTWR 和 MGTWR 模型同一区域内也出现变化，海淀区的影响系数在各区间均有分布，这说明住宅室内面积与房屋销售价格之间，不仅受空间位置变化影响，还受时间变化影响，即在较小的范围内，当住宅的室内面积相差不大时，房屋的建造年代对销售价格影响显著，建造年代越早，房屋销售价格越低。

5.4.3 结果分析

本章提出了 MGTWR 模型，并测试了 MGTWR、MGWR 和 GTWR 模型在以下三种情况的效率：

第一种情况：全局稳定性和空间非平稳性；

第二种情况：时空非平稳性；

第三种情况：全局稳定性和时空非平稳性。

首先，MGTWR 模型在第一种和第三种情况下是最适用的。在第一种情况下，与 MGWR 和 MGTWR 模型进行对比，对于数据集 1，MGTWR 模型的 AIC 值从 2.706 6（MGWR）降到 45.562 8（GTWR）。在第三种情况下，与 MGWR 模型进行对比，MGTWR 模型的 AIC 值减少 112.812（数据集 3）和 254.20（真实数据）。与 GTWR 模型进行对比，MGTWR 模型的 AIC 值减少 35.656（数据集 3）和 128.76（真实数据）。在第二种情况下，对于数据集 2，MGTWR 模型的 AIC 值减少 36.368（MGWR）和 −38.774（GTWR）。结果表明，MGTWR 模型要优于 MGWR 模型，但没有比 GTWR 模型更好。这种现象是在 MGTWR 模型中以时空变系数作为常系数造成的，这导致了结果与在其他情况下不一致。

其次，从时空系数的估计角度，MGTWR 模型的估计系数与基于模拟数据的真实值保持一致（见图 5-5~图 5-7 和图 5-9~图 5-11）。此外，如图 5-13 所示，在真实数据试验中由于时空系数相比 MGWR 模型，MGTWR（GTWR）模型的系数模型在海淀区有明显增加（减少）。

再次，从常系数的估计角度，MGTWR 和 MGWR 模型与基于模拟数据的真实值保持一致（见图 5-3 和图 5-8）。当常系数被视为时空变系数时，GTWR 模型的估计曲面显示了与真实值的明显偏差[见图 5-3（c）和图 5-8（c）]。真实数据实验表明，虽然我们可以通过 F 统计量确定哪些系数是平稳的和时空非平稳的，但是 GTWR 模型不能解决稳定系数的问题。因此，我们提出了一个方法，将解释变量分为两组，平稳变量和时空非平稳变量，并对 MGTWR 模型制定了一个两阶段最小二乘估计。

最后，真实数据实验表明，并非所有的解释变量都是空间的或时空非平稳的。在 95%置信水平准则下，物业管理费（$\ln PFee$）并没有表现出显著的时空或空间的变化，可能是因为在时空或空间维度的物业管理费的增长速度相比房价的增长速度可以忽略不计。这一现象是全局平稳和时空非平稳在现实中存在的证据。同时考虑常系数和时空变系数，MGTWR 模型比 MGWR 或 GTWR 模型实现了更准确的估计。

5.5 本章小结

针对解决全局平稳特征变量和局部时空特征变量同时存在的问题，提出了 MGTWR 模型，将解释变量划分为全局平稳变量和局部时空非平稳变量。由于 MGTWR 中常系数和时空变化系数不能同时求解，提出了基于加权最小二乘的两步估计方法，对 MGTWR 模型的回归系数和模型进行估计。本章利用模拟数据和真实数据进行实验，结果表明，在平稳的和时空非平稳的条件下 MGTWR 模型比 MGWR、GTWR 模型具有更高的精度；MGTWR 模型的常系数和时空的估计曲面在模拟数据实验中与真实值基本一致；真实数据实验证明，全局平稳性和时空非平稳性存在时，MGTWR 适用性最好；还展示了如何利用 MGTWR 模型进行分析建模，从而为 MGTWR 方法应用提供参考和借鉴。

第6章
时空地理加权自回归方法

时空非平稳和自相关性反映了时空数据的内部变化和数据之间相关规律。时空地理加权回归模型能够解决时空非平稳性，自回归模型用于分析空间自相关。目前，大部分的研究侧重单独解决空间自相关或非平稳性，且顾及非平稳和自相关性的研究也侧重空间非平稳而忽略了时间非平稳。为了同时解决局部模型的时空非平稳性和自相关性问题，本章引入了时空地理加权自回归模型，发展了针对 GTWAR 的两阶段最小二乘估计方法。

6.1　时空地理加权自回归

Bo Wu 等提出了一种时空地理加权自回归（geographically and temporally weighted autoregressive，GTWAR），并采用两步估计的最小二乘法对参数进行估计，最后以中国深圳房价为例进行实证研究，结果表明，GTWAR 模型无论从 R^2 还是 AIC 方面都优于时空地理加权回归模型和地理加权回归模型[75]。

时空地理加权回归模型通过揭示回归系数随时空的变化规律有效地解决了时空的非平稳性，但没有考虑自相关性。因此，时空地理加权自回归模型在时空地理加权回归模型的基础上，将自回归项加入模型。其数学表达形式为

$$y_i = \beta_0(u_i, v_i, t_i) + \sum_{k=1}^{p} \beta_k(u_i, v_i, t_i)x_{ik} + \rho(u_i, v_i, t_i)\widetilde{W}Y + \varepsilon_i \left| \rho_i \right| < 1 \qquad （6.1）$$

其中，(u_i, v_i, t_i) 为第 i 个点的位置和时间信息（如经度、纬度、天）；$\beta_k(u_i, v_i, t_i)$ 是第 i 个点的第 k 个回归参数。自变量 X 和因变量 Y 分别为

$$X = \begin{bmatrix} 1 & x_{11} & x_{12} & \cdots & x_{1p} \\ 1 & x_{21} & x_{22} & \cdots & x_{2p} \\ \vdots & \vdots & \vdots & & \vdots \\ 1 & x_{n1} & x_{n2} & \cdots & x_{np} \end{bmatrix}, \quad Y = \begin{bmatrix} y_1 \\ y_2 \\ \vdots \\ y_n \end{bmatrix} \tag{6.2}$$

$\rho(u_i, v_i, t_i)\widetilde{W}Y$ 是第 i 个点的自回归项，解释第 i 个点和其他点之间的自回归关系，$\rho(u_i, v_i, t_i)$ 是第 i 个点的自回归系数，其值在-1 到 1 之间；ε_i 是第 i 个样本点的随机误差，满足正态分布，数学期望为 0，方差为 σ^2，$\varepsilon_i \sim N(0, \sigma^2)$。

时空地理加权自回归模型与时空地理加权回归模型的区别是对每一个样本点 i，均加入滞后因子 $\rho(u_i, v_i, t_i)\widetilde{W}Y$。对第 i 个样本点 (u_i, v_i, t_i)，由回归系数 β_k 解释模型的时空非平稳性，$\rho(u_i, v_i, t_i)\widetilde{W}Y$ 解释模型的自相关性。$\widetilde{W}$ 是 $n \times n$ 维的空间邻接矩阵，对角线元素为 0。

式（6.1）可以简写为

$$y_i = x_i\beta_i + \rho_i\widetilde{W}Y + \varepsilon_i |\rho_i| < 1 \tag{6.3}$$

其中，第 i 个样本点自回归项 $\rho_i = \rho(u_i, v_i)$，

$$x_i = [1, x_{i1}, x_{i2}, \cdots, x_{ip}], \quad \beta_i = \begin{bmatrix} \beta_0(u_i, v_i) \\ \beta_1(u_i, v_i) \\ \vdots \\ \beta_p(u_i, v_i) \end{bmatrix} \tag{6.4}$$

根据 Kelejian 和 Prucha 等的推断[93]，本节对地理加权空间自回归模型做出如下假设：

（1）空间邻接矩阵 $\widetilde{W}$ 的对角线元素为 0；

（2）当 $|\rho_i| < 1$ 时，矩阵 $I - \rho_i\widetilde{W}$ 非奇异；

（3）矩阵 $(I - \rho_i\widetilde{W})^{-1}$ 有界；

（4）X 是满秩矩阵，且有界；

（5）误差向量 ε_i 独立同分布，$E(\varepsilon_i)=0$，$E(\varepsilon_i\varepsilon_i^{\mathrm{T}})=\sigma_i^2\boldsymbol{I}_n$，$i=1,2,\cdots,n$。

不同时空线性回归模型的优缺点（见表 6-1），总结为：MLR 模型假定时空保持一致，没有考虑时空数据的时空非平稳性特征；GWR 模型揭示了自变量回归系数随空间的变化规律，却忽略了自变量回归系数随时间的变化规律；GTWR 同时考虑了时间和空间的非平稳性。GTWAR 模型不仅考虑了时空非平稳性，将自回归项也纳入模型中，因此，同时解决了时空非平稳性和自相关问题。

表 6-1　不同模型的优缺点分析

模型	空间非平稳性	时间非平稳性	自相关性
MLR	未顾及	未顾及	未顾及
GWR	顾及	未顾及	未顾及
GTWR	顾及	顾及	未顾及
GTWAR	顾及	顾及	顾及

6.2　GTWAR 模型的两阶段最小二乘估计方法

时空地理加权自回归模型因为加入了自回归项，并不满足独立同分布的要求，无法直接用最小二乘准则进行估计。最大似然估计方法对大样本数据进行估计会生成大型矩阵，计算耗时较长。Kelejian提出了自回归模型的两阶段二乘估计方法。在此基础上，黄砚玲考虑了空间非平稳和自相关性，提出了地理加权空间自回归模型的最小二乘估计方法[45]。但是目前还没发展到能够同时解决自相关和非平稳性的时空地理加权自回归模型，还缺乏其两阶段最小二乘估计方法。

GTWAR模型含有自相关项，不满足独立同分布的最小二乘估计前提。因此，分两阶段进行估计。第一阶段对GTWAR模型进行Cochrane-Orcutt转换，转换后的模型不存在自相关项，满足最小二乘独立同分布的要求。第二阶段，运用最小二乘原理得到回归系数和自相关项的估值，算法流程如图6-1所示[100]。

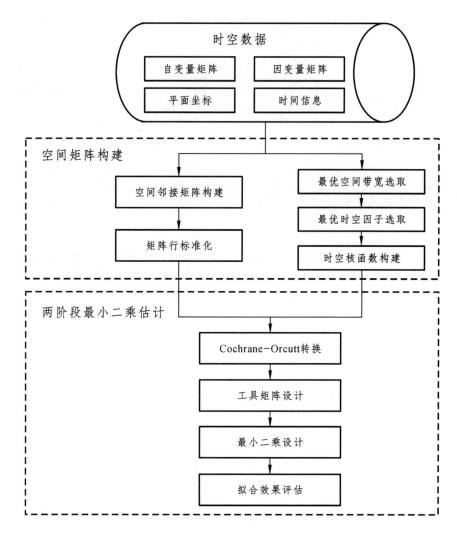

图 6-1　两阶段最小二乘估计算法流程

1）GTWAR 模型变换

首先构造 $\boldsymbol{Z}$ 矩阵，令 $\boldsymbol{Z}=(\boldsymbol{X},\tilde{\boldsymbol{W}}\boldsymbol{Y})$，则 $\boldsymbol{Z}$ 为 $n\times(p+1)$ 维矩阵，矩阵 $\boldsymbol{Z}$ 第 i 行向量 $\boldsymbol{Z}_i=[\boldsymbol{X},\tilde{\boldsymbol{W}}\boldsymbol{Y}]_i=[\boldsymbol{X}_i,(\tilde{\boldsymbol{W}}\boldsymbol{Y})_i]$。

GTWAR模型可以改写成如下形式：

$$y_i=\boldsymbol{Z}_i\boldsymbol{\delta}_i+\varepsilon_i \qquad (6.5)$$

其中，第 i 个样本点的待求系数包括回归系数 β_i 和自回归系数 ρ_i，待求系数 δ_i 为

$$\delta_i = (\boldsymbol{\beta}_i^{\mathrm{T}}, \rho_i)^{\mathrm{T}} = \begin{bmatrix} \beta_{i0} \\ \beta_{i1} \\ \vdots \\ \beta_{ip} \\ \rho_i \end{bmatrix} \tag{6.6}$$

对改写的GTWAR模型进行Cochrane-Orcutt转换，消除自相关项[100]，转换后的矩阵形式为

$$y_i^* = \boldsymbol{Z}_i^* \delta_i + \varepsilon_i^* \tag{6.7}$$

其中，第 i 个点的因变量 $y_i^* = W_i^{-1/2} y_i$，矩阵 $\boldsymbol{Z}^*$ 第 i 行向量 $\boldsymbol{Z}_i^* = W_i^{-1/2} \boldsymbol{Z}_i = W_i^{-1/2} [\boldsymbol{X}_i, (\tilde{\boldsymbol{W}} \boldsymbol{Y})_i]$，随机误差 $\varepsilon_i^* = W_i^{-1/2} \varepsilon_i$。

2）最小二乘估计

构造工具矩阵 $\boldsymbol{H} = [\boldsymbol{X}, \tilde{\boldsymbol{W}} \boldsymbol{X}, \tilde{\boldsymbol{W}}^2 \boldsymbol{X}]$，工具变量矩阵 $\boldsymbol{H}$ 是满秩矩阵，工具变量矩阵 $\boldsymbol{H}$ 可取为 $(\boldsymbol{X}, \boldsymbol{W} \boldsymbol{X}, \boldsymbol{W}^2 \boldsymbol{X}, \cdots)$ 的线性无关列组成的矩阵。实际操作时，通常取 $(\boldsymbol{X}, \boldsymbol{W} \boldsymbol{X}, \boldsymbol{W}^2 \boldsymbol{X})$ 线性无关列构成的矩阵，即第 i 个样本点的工具矩阵为

$$\boldsymbol{H}_i = W_i^{-1/2} \boldsymbol{H} = W_i^{-1/2} [\boldsymbol{X}, \tilde{\boldsymbol{W}} \boldsymbol{X}, \tilde{\boldsymbol{W}}^2 \boldsymbol{X}] \tag{6.8}$$

$$\boldsymbol{P}_{\boldsymbol{H}_i} = \boldsymbol{H}_i (\boldsymbol{H}_i^{\mathrm{T}} \boldsymbol{H}_i)^{-1} \boldsymbol{H}_i^{\mathrm{T}} \tag{6.9}$$

$$W_i \hat{\boldsymbol{Y}}_i = \boldsymbol{P}_{\boldsymbol{H}_i} (\boldsymbol{W} \boldsymbol{Y})_i \tag{6.10}$$

$$\hat{\boldsymbol{Z}}_i^* = \boldsymbol{P}_{\boldsymbol{H}_i} \boldsymbol{Z}_i = \boldsymbol{H}_i (\boldsymbol{H}_i^{\mathrm{T}} \boldsymbol{H}_i)^{-1} \boldsymbol{H}_i^{\mathrm{T}} \boldsymbol{Z}_i^* \tag{6.11}$$

对Cochrane-Orcutt转换后的模型进行最小二乘估计，估计结果为

$$
\begin{aligned}
\hat{\delta}_i &= [(\hat{\boldsymbol{Z}}_i^*)^{\mathrm{T}} \hat{\boldsymbol{Z}}_i^*]^{-1} (\hat{\boldsymbol{Z}}_i^*)^{\mathrm{T}} y_i \\
&= [(\boldsymbol{Z}_i^*)^{\mathrm{T}} \boldsymbol{H}_i (\boldsymbol{H}_i^{\mathrm{T}} \boldsymbol{H}_i)^{-1} \boldsymbol{H}_i^{\mathrm{T}} \boldsymbol{H}_i (\boldsymbol{H}_i^{\mathrm{T}} \boldsymbol{H}_i)^{-1} \boldsymbol{H}_i^{\mathrm{T}} \boldsymbol{Z}_i^*]^{-1} (\boldsymbol{Z}_i^*)^{\mathrm{T}} \boldsymbol{H}_i (\boldsymbol{H}_i^{\mathrm{T}} \boldsymbol{H}_i)^{-1} \boldsymbol{H}_i^{\mathrm{T}} y_i \\
&= [(\boldsymbol{Z}_i^*)^{\mathrm{T}} \boldsymbol{H}_i (\boldsymbol{H}_i^{\mathrm{T}} \boldsymbol{H}_i)^{-1} \boldsymbol{H}_i^{\mathrm{T}} \boldsymbol{Z}_i]^{-1} (\boldsymbol{Z}_i^*)^{\mathrm{T}} \boldsymbol{H}_i (\boldsymbol{H}_i^{\mathrm{T}} \boldsymbol{H}_i)^{-1} \boldsymbol{H}_i^{\mathrm{T}} y_i
\end{aligned}
\tag{6.12}
$$

因变量 $\boldsymbol{Y}$ 的估计值 $\hat{\boldsymbol{Y}}$ 为

$$\hat{Y} = LY = \begin{bmatrix} M_1^{\mathrm{T}}(Z^{\mathrm{T}}W^{-1}H(H^{\mathrm{T}}W^{-1}H)^{-1}H^{\mathrm{T}}W^{-1}Z)^{-1}Z^{\mathrm{T}}W^{-1}H(H^{\mathrm{T}}W^{-1}H)H^{\mathrm{T}}W^{-1} \\ M_2^{\mathrm{T}}(Z^{\mathrm{T}}W^{-1}H(H^{\mathrm{T}}W^{-1}H)^{-1}H^{\mathrm{T}}W^{-1}Z)^{-1}Z^{\mathrm{T}}W^{-1}H(H^{\mathrm{T}}W^{-1}H)H^{\mathrm{T}}W^{-1} \\ \vdots \\ M_n^{\mathrm{T}}(Z^{\mathrm{T}}W^{-1}H(H^{\mathrm{T}}W^{-1}H)^{-1}H^{\mathrm{T}}W^{-1}Z)^{-1}Z^{\mathrm{T}}W^{-1}H(H^{\mathrm{T}}W^{-1}H)H^{\mathrm{T}}W^{-1} \end{bmatrix} Y$$

（6.13）

其中， M_i^{T} 为矩阵 Z^* 的第 i 行元素。

帽子矩阵 L 为

$$L = \begin{bmatrix} M_1^{\mathrm{T}}(Z^{\mathrm{T}}W^{-1}H(H^{\mathrm{T}}W^{-1}H)^{-1}H^{\mathrm{T}}W^{-1}Z)^{-1}Z^{\mathrm{T}}W^{-1}H(H^{\mathrm{T}}W^{-1}H)H^{\mathrm{T}}W^{-1} \\ M_2^{\mathrm{T}}(Z^{\mathrm{T}}W^{-1}H(H^{\mathrm{T}}W^{-1}H)^{-1}H^{\mathrm{T}}W^{-1}Z)^{-1}Z^{\mathrm{T}}W^{-1}H(H^{\mathrm{T}}W^{-1}H)H^{\mathrm{T}}W^{-1} \\ \vdots \\ M_n^{\mathrm{T}}(Z^{\mathrm{T}}W^{-1}H(H^{\mathrm{T}}W^{-1}H)^{-1}H^{\mathrm{T}}W^{-1}Z)^{-1}Z^{\mathrm{T}}W^{-1}H(H^{\mathrm{T}}W^{-1}H)H^{\mathrm{T}}W^{-1} \end{bmatrix}$$

（6.14）

6.3 空间自相关分析

空间自相关（Spatial Autocorrelation）是指地理事物分布与不同空间位置的某一属性值之间的统计相关性，通常距离越近的地理要素之间相关性越大。本节主要以莫兰指数（Moran's I）为例进行自相关分析，空间自相关性有全局自相关和局部自相关两种指标，Moran's I 的取值范围为[-1, 1]，越接近±1，空间相关性就越高，0 值表示空间事物的该属性值不存在空间相关。

6.3.1 全局 Moran's I

全局自相关用于探测整个研究区域的空间模式，反映该区域整体的自相关程度，其计算公式如下：

$$I = \frac{n\sum_{i=1}^{n}\sum_{j=1}^{n}w_{ij}(y_i-\overline{y})(y_j-\overline{y})}{\left(\sum_{i=1}^{n}\sum_{j=1}^{n}w_{ij}\right)\sum_{i=1}^{n}(y_i-\overline{y})^2}$$

（6.15）

式中，n 为样本总数；y_i 和 y_j 分别为第 i 个和第 j 个样本点的属性值；w_{ij} 为第 i 个和第 j 个样本点的空间邻接矩阵；均值 $\bar{y}$ 为

$$\bar{y} = \frac{1}{n}\sum_{i=1}^{n} y_i \tag{6.16}$$

用 Z 统计量来检验空间自相关的显著性水平。

$$Z = \frac{I - E(I)}{\sqrt{\mathrm{Var}(I)}} \tag{6.17}$$

其中，全局 Moran's I 的数学期望 $E(I) = \dfrac{-1}{n-1}$，方差为 $\mathrm{Var}(I)$。

6.3.2　局部 Moran's I

局部自相关计算每一个空间单元与邻近单元就某一属性的聚集离散程度。局部 Moran's I 方法是将全局 Moran's I 方法分解到局部空间上，对于针对空间要素，Moran 指数计算公式为

$$I_i = \frac{y_i - \bar{y}}{S^2}\sum_{j=1}^{n} w_{ij}(y_i - \bar{y}), \quad i \neq j \tag{6.18}$$

式中，S^2 为 y_i 的离散方差；$\bar{y}$ 为均值；w_{ij} 为第 i 个和第 j 个样本点的空间权重矩阵。

6.3.3　Moran 散点图

Moran 散点图指标表示研究区域局部空间单元之间的关联关系。如图 6-2 所示，Moran 散点图分为四个象限，分别对应于区域单元与其邻近单元之间的关联关系。第一象限代表高观测值的区域单元被同是高值的区域所包围的空间联系形式（高高相关，HH），第二象限代表低观测值的区域单元被高值的区域所包围的空间联系形式（高低相关，HL），第三象限代表低观测值的区域单元被同是低值的区域所包围的空间联系形式（低低相关，LL），第四象限代表高观测值的区域单元被低值的区域所包围的空间联系形式（低高相关，LH）。

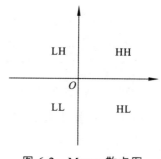

图 6-2　Moran 散点图

6.4　方法验证和应用

本节以北京市住宅销售价格为实验数据，进行全局、局部空间自相关性检验，分别对 MLR、GWR、GTWR 和 GTWAR 模型的估计结果从自相关、方差、回归参数和拟合优度进行分析，验证提出方法的有效性。

6.4.1　空间自相关分析

本实验以北京市 1980—2015 年的 1 961 个住宅小区价格为例，分析房价数据的空间相关性。实验结果表明，北京市房价数据具有明显的空间相关性。

1）全局自相关

首先计算北京市房价数据的全局空间自相关指数 Moran's I，并分析房价数据空间分布的集聚性，计算结果如表 6-2 所示。

表 6-2　全局 Moran'I 值

Moran's I	Z - score	p	E(I)	Var(I)
0.0799	5.0476	0.00000	−0.0005	0.0003

结果表明，$Moran's\ I$ 值为正值，说明北京市城区房价具有空间正相关性，具有空间集聚特征，即房价较高的地区与房价较高的地区相邻接，房价较低的地区与房价较低的地区相邻接，且计算结果均通过 Z 值检验（ $p \leqslant 0.01$ ）。

2）局部自相关分析

Moran 散点图和 LISA 聚类图分析地价的局部空间自相关性，揭示北京市房价空间分布的异质性。

从房价 Moran 散点图（见图 6-3）可看出，房价样点主要分布在第一象限和第三象限，其次是第二象限和第四象限，样点分布较为集中，说明房价数据确实存在空间自相关，且较为显著。

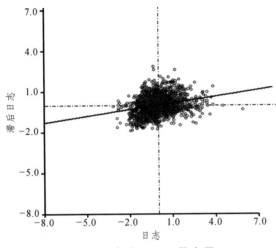

图 6-3　房价 Moran 散点图

6.4.2　方差分析

为了探讨不同模型对实验结果的影响，对不同模型的估计结果进行了方差分析，如表 6-4 所示。方差分析（analysis of variance, ANOVA）首先由英国统计学家 R. A. Fisher 提出，用于两个及以上样本均值的显著性检验。一个复杂的事物，其中往往有许多因素互相制约又互相依存。方差分析的目的是通过数据分析找出对该事物有显著影响的因素，各因素之间的交互作用，以及显著影响因素的最佳水平等。方差分析的基本思想是：通过分析研究不同来源的变异对总变异的贡献大小，确定可控因素对研究结果影响力的大小。主要包括单因变量单因素方差分析、单因变量多因素方差分析、多因变量多因素方差分析、重复测量方差分析、方差成分分析等。

表 6-3 给出了 GWR 和 MLR、GTWR 和 GWR、GTWAR 和 GTWR 模型的方差分析结果。方差分析表的第一列是不同的回归模型，第二列是残差平方和（RSS），第三列是自由度（DF），第四列是均方（MS），第五列是 F 检验值，第六列是 F 检验的 p 值。

表 6-3 不同模型的方差分析统计

回归模型	RSS	DF	MS	F	p
MLR	464.955	1954	0.238		
GWR	247.639	1 937.059	0.128	63.445	0
GTWR	177.223	1 838.940	0.096	16.880	0
GTWAR	89.127	1 675.966	0.053	15.919	0
GTWR/GWR 性能提高值	70.416	98.119	0.032	—	—
GTWAR/GWR 性能提高值	158.512	261.093	0.075	—	—
GTWAR/GTWR 性能提高值	88.096	162.974	0.043	—	—

从方差分析可以看出，GTWR 相对于 GWR 模型，因为顾及时间维度的变化，RSS 减少了 70.416，MS 减少了 0.032。GTWAR 相对于 GTWR 模型，考虑了不同样本之间的自相关性，RSS 减少了 88.096，MS 减少了 0.043。因此，实验数据确实存在时间、空间的非平稳性和自相关性，且 GTWAR 模型能够同时解决时间、空间的非平稳性和自相关性。结果表明，GTWAR 拟合效果最好，GTWR 优于 GWR，MLR 拟合效果不佳。

6.4.3 回归系数分析

分别对 MLR、GWR 和 GTWAR 模型进行估计，并对不同模型的回归系数进行统计。MLR 模型的参数统计结果如表 6-4 所示。其中，第一列为参数名称，第二列为估计的系数值，第三列为对应的 T 统计值，第四列为 p 值，第五列为 95% 置信度时的置信区间值。GWR、GTWAR 模型的参数估计结果如表 6-5、表 6-6 所示。其中，第一列为回归参数名称，第二列为回归参数的最小值，第三列为回归参数的下四分位数，第四列为回归参数的平均值，第五列为回归参数的上四分位数，第六列为回归参数的最大值。

表 6-4　MLR 回归系数估计汇总

变量	系数	T	p	95%置信区间
$Intercept$	-12.158	0.055	1.237	2.327
$\ln PRatio$	-1.209	-0.056	-0.004	0.047
$\ln GRatio$	-14.58	-0.282	0.223	0.838
$\ln FArea$	0.161	0.833	0.979	1.126
$\ln PFee$	-7.734	-0.104	1.9549	0.128
$\ln D_{priSchool}$	-0.889	-0.512	-0.401	-0.165
$\ln D_{ShoppingMall}$	-1.294	-0.055	0.013	0.088
Age	-0.42	-0.006	0.01	0.028

表 6-5　GWR 回归系数统计

变量	最小值	下四分位数	平均值	上四分位数	最大值
$Intercept$	-12.158	0.055	1.237	2.327	15.63
$\ln PRatio$	-1.209	-0.056	-0.004	0.047	1.607
$\ln GRatio$	-14.58	-0.282	0.223	0.838	8.08
$\ln FArea$	0.161	0.833	0.979	1.126	2.013
$\ln PFee$	-7.734	-0.104	1.9549	0.128	30.79
$\ln D_{priSchool}$	-0.889	-0.512	-0.401	-0.165	-0.015
$\ln D_{ShoppingMall}$	-1.294	-0.055	0.013	0.088	0.802
Age	-0.42	-0.006	0.01	0.028	0.37

表 6-6　GTWAR 回归系数统计

变量	最小值	下四分位数	平均值	上四分位数	最大值
$Intercept$	-5.04	0.376	1.283	2.172	7.249
$\ln PRatio$	-0.291	-0.04	-0.001	0.037	0.595
$\ln GRatio$	-3.422	-0.194	0.201	0.594	4.162
$\ln FArea$	0.161	0.883	1.004	1.134	1.546
$\ln PFee$	-2.131	-0.075	0.031	0.144	7.056
$\ln D_{priSchool}$	-1.095	-0.711	-0.561	-0.292	-0.012
$\ln D_{ShoppingMall}$	-1.2	-0.038	0.013	0.068	0.454
Age	-0.091	-0.002	0.005	0.014	0.107

从不同模型的回归系数结果可以看出，室内面积和房价成正相关，距小学距离和房价成负相关，其他变量和房价没有明显的相关关系。以变量 $\ln D_{PriSchool}$ 为例来说明时间和空间的非平稳性。小学对于北京中心城区的房屋价格更强。其原因是主城区有更为优质的教育资源和教师队伍，小学对于房价的影响，中心城区受到的影响大于郊区。但是也有例外，在北京城区西北地区，变量成显著的负相关。其原因是颐和园景区位于该区域，作为中国现存最大的皇家园林和国家 5A 级旅游景区，显著影响周边的住宅销售价格。

6.4.4 拟合优度分析

从不同模型的拟合优度（见表 6-7）可以看出，GTWR 相对于 GWR 模型，因为其顾及时间维度的变化，R^2 提高了 0.043，AIC 减少了 359.959；GTWAR 相对于 GTWR 模型，考虑了不同样本点之间的自相关性，R^2 提高了 0.061，AIC 减少了 625.969。实验结果（见图 6-4）表明，该实验数据确实存在时间、空间的非平稳性和自相关性，且 GTWAR 模型能够同时解决时间、空间的非平稳性和子相关性。同时，根据 Burnham 和 Anderson 于 2002 年提出的评价标准，不同模型的 AIC 值相差大于 3，说明模型的拟合优度有了显著提升。结果表明，GTWAR 拟合优度最好，GTWR 优于 GWR，MLR 拟合效果不佳。

表 6-7 不同模型的拟合优度统计

回归模型	R^2	AIC
MLR	0.538	2762.738
GWR	0.742	1602.437
GTWR	0.785	1242.478
GTWAR	0.846	616.509
GTWR/GWR 性能提升值	0.043	359.959
GTWAR/GWR 性能提升值	0.104	985.928
GTWAR/GTWR 性能提升值	0.061	625.969

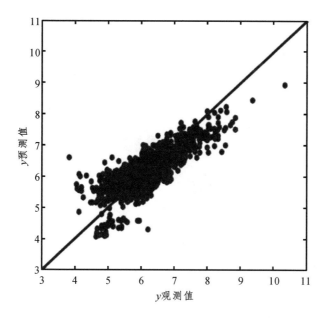

（a）MLR 模型估计散点图

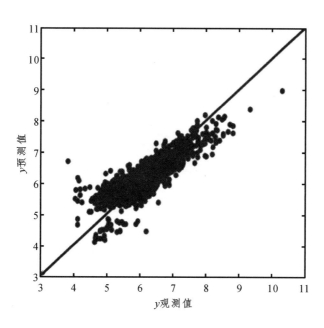

（b）GWR 模型估计散点图

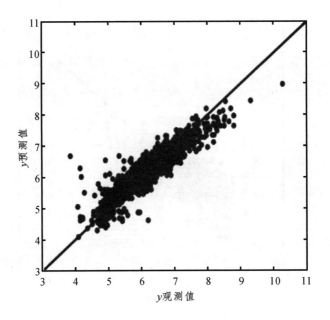

（c）GTWR 模型估计散点图

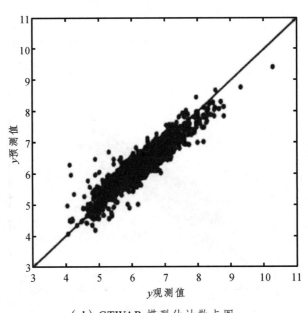

（d）GTWAR 模型估计散点图

图 6-4 不同模型拟合散点图

6.5 本章小结

本章主要介绍了时空地理加权自回归模型和两阶段最小二乘估计方法，给出了空间自相关的检验方法，解决了时空非平稳和自相关问题。以北京市住宅销售价格数据为例，分别进行自相关分析、回归参数分析、方差分析和拟合优度分析，验证了提出方法确实优于现有方法，提出的方法更符合空间数据的时空规律，相比仅顾及非平稳性或自相关的方法取得了更好的拟合效果。

第7章
局部多项式时空地理加权回归方法

在回归分析过程中，不同的特征变量观测值的随机项方差是不同的，即存在异方差现象。如一线城市城区和郊区的房价变化，比二三线城市城区和郊区的房价变化波动大，而时间因素的变化对房价的波动影响程度也不相同。时空地理加权回归的加权最小二乘估计是在同方差且令方差最小的假定条件下进行求解的，当回归模型中存在异方差时，这种估计方法的预测结果会降低精度。因此，如何解决时空回归分析中异方差问题，对于提升时空回归估计精度和适用性具有重要意义。本章基于一阶泰勒级数展开式，提出局部多项式时空地理加权回归（local polynomial geographically and temporally weight regression，LPGTWR）方法。

7.1 LPGTWR 模型

为了深入研究时空非平稳性和空间位置、时间的关系，本章在时空地理加权回归模型的基础上，将时空非平稳性分离为回归系数及在空间、时间轴的一阶偏导数。设局部多项式时空地理加权回归模型回归系数分别对横坐标 u、纵坐标 v 和时间 t 均存在连续的二阶偏导数。根据泰勒公式，在点 (u_0, v_0, t_0) 的某邻域范围内进行泰勒级数展开，可以得到：

$$\beta_j(u, v, t) \approx \beta_j(u_0, v_0, t_0) + \beta_j^{(u)}(u_0, v_0, t_0)(u - u_0) + \beta_j^{(v)}(u_0, v_0, t_0)(v - v_0) +$$
$$\beta_j^{(t)}(u_0, v_0, t_0)(t - t_0), \ j = 1, 2, \cdots, p$$

$$(7.1)$$

其中，$\beta_j^{(u)}(u_0,v_0,t_0)(u-u_0)$ 为回归系数 $\beta_j(u_0,v_0,t_0)$ 在横坐标 u 方向的一阶偏导数；$\beta_j^{(v)}(u_0,v_0,t_0)(v-v_0)$ 为回归系数 $\beta_j(u_0,v_0,t_0)$ 在纵坐标 v 方向的一阶偏导数；$\beta_j^{(t)}(u_0,v_0,t_0)(t-t_0)$ 为回归系数 $\beta_j(u_0,v_0,t_0)$ 在时间 t 方向的一阶偏导数。

重新构建点 (u_0,v_0,t_0) 的自变量矩阵 $\boldsymbol{X}(u_0,v_0,t_0)$，其为 $n\times(4p)$ 阶矩阵：

$$
\begin{aligned}
&\boldsymbol{X}(u_0,v_0,t_0)\\
&=\begin{bmatrix}
x_{11} & x_{11}(u_1-u_0) & x_{11}(v_1-v_0) & x_{11}(t_1-t_0) & \cdots & x_{1p} & x_{1p}(u_1-u_0) & x_{1p}(v_1-v_0) & x_{1p}(t_1-t_0)\\
x_{21} & x_{21}(u_2-u_0) & x_{21}(v_2-v_0) & x_{21}(t_2-t_0) & \cdots & x_{2p} & x_{2p}(u_2-u_0) & x_{2p}(v_2-v_0) & x_{2p}(t_2-t_0)\\
\vdots & \vdots & \vdots & \vdots & & \vdots & \vdots & \vdots & \vdots\\
x_{n1} & x_{n1}(u_1-u_0) & x_{n1}(v_1-v_0) & x_{n1}(t_1-t_0) & \cdots & x_{np} & x_{np}(u_1-u_0) & x_{np}(v_1-v_0) & x_{np}(t_n-t_0)
\end{bmatrix}
\end{aligned}
$$

（7.2）

回归系数列向量 $\boldsymbol{B}(u_0,v_0,t_0)$ 可以表示为

$$
\begin{aligned}
B(u_0,v_0,t_0)=[&\beta_1(u_0,v_0,t_0),\beta_1^{(u)}(u_0,v_0,t_0),\beta_1^{(v)}(u_0,v_0,t_0),\beta_1^{(t)}(u_0,v_0,t_0),\cdots,\\
&\beta_p(u_0,v_0,t_0),\beta_p^{(u)}(u_0,v_0,t_0),\beta_p^{(v)}(u_0,v_0,t_0),\beta_p^{(t)}(u_0,v_0,t_0)]^{\mathrm{T}}
\end{aligned}
$$

（7.3）

第 j 个回归系数、一阶偏导数和回归系数列向量 $\boldsymbol{B}(u_0,v_0,t_0)$ 的关系可以表示为

$$
\begin{cases}
\beta_j(u_0,v_0,t_0)=\boldsymbol{l}_{4j-3,4p}^{\mathrm{T}}\boldsymbol{B}(u_0,v_0,t_0)\\
\beta_j^{(u)}(u_0,v_0,t_0)=\boldsymbol{l}_{4j-2,4p}^{\mathrm{T}}\boldsymbol{B}(u_0,v_0,t_0)\\
\beta_j^{(v)}(u_0,v_0,t_0)=\boldsymbol{l}_{4j-1,4p}^{\mathrm{T}}\boldsymbol{B}(u_0,v_0,t_0)\\
\beta_j^{(t)}(u_0,v_0,t_0)=\boldsymbol{l}_{4j,4p}^{\mathrm{T}}\boldsymbol{B}(u_0,v_0,t_0)
\end{cases}
$$

（7.4）

其中，$\boldsymbol{l}_{4j-3,4p}^{\mathrm{T}}$ 为 $4p$ 行列向量，其中第 $4j-3$ 个元素为 1，其他元素为 0；$\boldsymbol{l}_{4j-2,4p}^{\mathrm{T}}$ 为 $4p$ 行列向量，其中第 $4j-2$ 个元素为 1，其他元素为 0；$\boldsymbol{l}_{4j-1,4p}^{\mathrm{T}}$ 为 $4p$ 行列向量，其中第 $4j-1$ 个元素为 1，其他元素为 0；$\boldsymbol{l}_{4j,4p}^{\mathrm{T}}$ 为 $4p$ 行列向量，其中第 $4j$ 个元素为 1，其他元素为 0。

因此，第 i 个点 (u_i,v_i,t_i) 的自变量和因变量的关系可以表示为

$$
y_i=\sum_{j=1}^p\beta_j(u_i,v_i,t_i)x_{ij}=\boldsymbol{x}_i\boldsymbol{\beta}(u_i,v_i,t_i),\quad i=1,2,\cdots,n
$$

（7.5）

式中

$$x_i = (x_{i1}, x_{i2}, \cdots, x_{ip})$$

$$\beta(u_i, v_i, t_i) = \begin{bmatrix} \beta_1(u_i, v_i, t_i) \\ \beta_2(u_i, v_i, t_i) \\ \vdots \\ \beta_p(u_i, v_i, t_i) \end{bmatrix} = \begin{bmatrix} \boldsymbol{l}_{1,4p}^{\mathrm{T}} \boldsymbol{B}(u_i, v_i, t_i) \\ \boldsymbol{l}_{5,4p}^{\mathrm{T}} \boldsymbol{B}(u_i, v_i, t_i) \\ \vdots \\ \boldsymbol{l}_{4p-3,4p}^{\mathrm{T}} \boldsymbol{B}(u_i, v_i, t_i) \end{bmatrix} = \boldsymbol{Q} \boldsymbol{B}(u_i, v_i, t_i) \qquad (7.6)$$

其中

$$\boldsymbol{Q} = \begin{bmatrix} \boldsymbol{l}_{1,4p}^{\mathrm{T}} \\ \boldsymbol{l}_{5,4p}^{\mathrm{T}} \\ \vdots \\ \boldsymbol{l}_{4p-3,4p}^{\mathrm{T}} \end{bmatrix} \qquad (7.7)$$

局部多项式时空地理加权回归模型可以表示为

$$\hat{\boldsymbol{Y}} = \begin{bmatrix} \hat{y}_1 \\ \hat{y}_2 \\ \vdots \\ \hat{y}_n \end{bmatrix} = \begin{bmatrix} \boldsymbol{x}_1 \boldsymbol{Q} \hat{\boldsymbol{B}}(u_1, v_1, t_1) \\ \boldsymbol{x}_2 \boldsymbol{Q} \hat{\boldsymbol{B}}(u_2, v_2, t_2) \\ \vdots \\ \boldsymbol{x}_n \boldsymbol{Q} \hat{\boldsymbol{B}}(u_n, v_n, t_n) \end{bmatrix} \qquad (7.8)$$

7.2　基于泰勒级数的加权最小二乘估计

局部多项式时空地理加权回归模型基于泰勒级数展开重构了自变量矩阵，推导了自变量和因变量的函数关系，满足高斯-马尔科夫假定独立同分布的要求，可以用加权最小二乘准则进行时空非平稳性解算。借鉴 GWR 和 GTWR 模型的加权最小二乘估计方法[95-97]，下面推导出局部多项式时空地理加权回归模型时空非平稳性的解算方法。

回归系数列向量估计值 $\hat{\boldsymbol{B}}(u_0, v_0, t_0)$ 可以通过如下公式得到：

$$
\begin{aligned}
&\hat{\boldsymbol{B}}(u_0, v_0, t_0) \\
&= [\hat{\beta}_1(u_0, v_0, t_0), \hat{\beta}_1^{(u)}(u_0, v_0, t_0), \hat{\beta}_1^{(v)}(u_0, v_0, t_0), \hat{\beta}_1^{(t)}(u_0, v_0, t_0), \cdots, \hat{\beta}_p(u_0, v_0, t_0), \\
&\quad \hat{\beta}_p^{(u)}(u_0, v_0, t_0), \hat{\beta}_p^{(v)}(u_0, v_0, t_0), \hat{\beta}_p^{(t)}(u_0, v_0, t_0)]^{\mathrm{T}} \\
&= [\boldsymbol{X}^{\mathrm{T}}(u_0, v_0, t_0) \boldsymbol{W}(u_0, v_0, t_0) \boldsymbol{X}(u_0, v_0, t_0)]^{-1} \boldsymbol{X}^{\mathrm{T}}(u_0, v_0, t_0) \boldsymbol{W}(u_0, v_0, t_0) \boldsymbol{Y}
\end{aligned}
$$

$$(7.9)$$

其中，$\hat{\beta}_1(u_0,v_0,t_0)$ 为 $\beta_1(u_0,v_0,t_0)$ 的估计值；$\hat{\beta}_1^{(u)}(u_0,v_0,t_0)$ 为一阶偏导数 $\beta_1^{(u)}(u_0,v_0,t_0)$ 的估计值；$\hat{\beta}_1^{(v)}(u_0,v_0,t_0)$ 为一阶偏导数 $\beta_1^{(v)}(u_0,v_0,t_0)$ 的估计值；$\hat{\beta}_1^{(t)}(u_0,v_0,t_0)$ 为一阶偏导数 $\beta_1^{(t)}(u_0,v_0,t_0)$ 的估计值。

第 j 个回归系数估计值、一阶偏导数和回归系数列向量估计值 $\hat{\boldsymbol{B}}(u_0,v_0,t_0)$ 的关系可以表示为

$$\begin{cases} \hat{\beta}_j(u_0,v_0,t_0) = \boldsymbol{l}_{4j-3,4p}^{\mathrm{T}} \hat{\boldsymbol{B}}(u_0,v_0,t_0) \\ \hat{\beta}_j^{(u)}(u_0,v_0,t_0) = \boldsymbol{l}_{4j-2,4p}^{\mathrm{T}} \hat{\boldsymbol{B}}(u_0,v_0,t_0) \\ \hat{\beta}_j^{(v)}(u_0,v_0,t_0) = \boldsymbol{l}_{4j-1,4p}^{\mathrm{T}} \hat{\boldsymbol{B}}(u_0,v_0,t_0) \\ \hat{\beta}_j^{(t)}(u_0,v_0,t_0) = \boldsymbol{l}_{4j,4p}^{\mathrm{T}} \hat{\boldsymbol{B}}(u_0,v_0,t_0) \end{cases} \qquad (7.10)$$

因此，第 i 个点因变量的拟合值可以表示为

$$\hat{y}_i = \sum_{j=1}^{p} \hat{\beta}_j(u_i,v_i,t_i) x_{ij} = \boldsymbol{x}_i \hat{\boldsymbol{\beta}}(u_i,v_i,t_i), \quad i=1,2,\cdots,n \qquad (7.11)$$

式中

$$\boldsymbol{x}_i = (x_{i1},x_{i2},\cdots,x_{ip})$$

$$\hat{\boldsymbol{\beta}}(u_i,v_i,t_i) = \begin{bmatrix} \hat{\beta}_1(u_i,v_i,t_i) \\ \hat{\beta}_2(u_i,v_i,t_i) \\ \vdots \\ \hat{\beta}_p(u_i,v_i,t_i) \end{bmatrix} = \begin{bmatrix} \boldsymbol{l}_{1,4p}^{\mathrm{T}} \hat{\boldsymbol{B}}(u_i,v_i,t_i) \\ \boldsymbol{l}_{5,4p}^{\mathrm{T}} \hat{\boldsymbol{B}}(u_i,v_i,t_i) \\ \vdots \\ \boldsymbol{l}_{4p-3,4p}^{\mathrm{T}} \hat{\boldsymbol{B}}(u_i,v_i,t_i) \end{bmatrix} = \boldsymbol{Q} \hat{\boldsymbol{B}}(u_i,v_i,t_i) \qquad (7.12)$$

其中

$$\boldsymbol{Q} = \begin{bmatrix} \boldsymbol{e}_{1,4p}^{\mathrm{T}} \\ \boldsymbol{e}_{5,4p}^{\mathrm{T}} \\ \vdots \\ \boldsymbol{e}_{4p-3,4p}^{\mathrm{T}} \end{bmatrix} \qquad (7.13)$$

因此，局部多项式时空地理加权回归模型因变量拟合值可以表示为

$$\hat{\boldsymbol{Y}} = \begin{bmatrix} \hat{y}_1 \\ \hat{y}_2 \\ \vdots \\ \hat{y}_n \end{bmatrix} = \begin{bmatrix} \boldsymbol{x}_1 \boldsymbol{Q} \hat{\boldsymbol{B}}(u_1,v_1,t_1) \\ \boldsymbol{x}_2 \boldsymbol{Q} \hat{\boldsymbol{B}}(u_2,v_2,t_2) \\ \vdots \\ \boldsymbol{x}_n \boldsymbol{Q} \hat{\boldsymbol{B}}(u_n,v_n,t_n) \end{bmatrix} = \boldsymbol{L} \boldsymbol{Y} \qquad (7.14)$$

其中，L 为帽子矩阵，矩阵形式如下：

$$L = \begin{bmatrix} x_1 Q[X^{\mathrm{T}}(u_0,v_0,t_0)W(u_0,v_0,t_0)X(u_0,v_0,t_0)]^{-1}X^{\mathrm{T}}(u_0,v_0,t_0)W(u_0,v_0,t_0) \\ x_2 Q[X^{\mathrm{T}}(u_0,v_0,t_0)W(u_0,v_0,t_0)X(u_0,v_0,t_0)]^{-1}X^{\mathrm{T}}(u_0,v_0,t_0)W(u_0,v_0,t_0) \\ \vdots \\ x_n Q[X^{\mathrm{T}}(u_0,v_0,t_0)W(u_0,v_0,t_0)X(u_0,v_0,t_0)]^{-1}X^{\mathrm{T}}(u_0,v_0,t_0)W(u_0,v_0,t_0) \end{bmatrix}$$

（7.15）

因变量的残差向量 $\hat{\varepsilon}$ 为

$$\hat{\varepsilon} = Y - LY = (I - L)Y \tag{7.16}$$

残差平方和 RSS 为

$$RSS = \hat{\varepsilon}^{\mathrm{T}}\hat{\varepsilon} = Y^{\mathrm{T}}(I-L)^{\mathrm{T}}(I-L)Y \tag{7.17}$$

为了验证本章提出方法的有效性，下面将证明本章提出的估计方法是局部多项式时空地理加权回归模型的无偏估计。证明思路是首先证明若时空非平稳性为常数（不是空间横坐标 u、纵坐标 v 和时间 t 的线性组合），则时空地理加权回归估计的回归系数是时空非平稳性的无偏估计；之后引入若时空非平稳性是空间横坐标 u、纵坐标 v 和时间 t 的线性组合，则局部多项式时空地理加权回归估计的回归系数是时空非平稳性的无偏估计。

命题 1 若时空非平稳性为常数，则时空地理加权回归估计的回归系数是时空非平稳性的无偏估计。

证明 如果每个点 (u_i,v_i,t_i) 第 j 个自变量的回归系数 $\beta_j(u_i,v_i,t_i)$ 为常数，只需证明 $E[\hat{\beta}_j(u_i,v_i,t_i)] = \beta_j(u_i,v_i,t_i)$，则时空地理加权估计的回归系数是时空非平稳性的无偏估计。

每个点 (u_i,v_i,t_i) 第 j 个自变量的回归系数 $\beta_j(u_i,v_i,t_i)$ 为常数，可以表示为

$$\beta_j(u_i,v_i,t_i) = a_j \tag{7.18}$$

根据加权最小二乘准则，回归系数的拟合值可以表示为

$$\begin{aligned} \hat{B}(u_i,v_i,t_i) &= [X^{\mathrm{T}}W(u_i,v_i,t_i)X]^{-1}X^{\mathrm{T}}W(u_i,v_i,t_i)[X\beta+\varepsilon] \\ &= \beta + [X^{\mathrm{T}}W(u_i,v_i,t_i)X]^{-1}X^{\mathrm{T}}W(u_i,v_i,t_i)\varepsilon \end{aligned} \tag{7.19}$$

$$E[\hat{\boldsymbol{B}}(u_i,v_i,t_i)] = E(\boldsymbol{\beta}) + [\boldsymbol{X}^{\mathrm{T}}\boldsymbol{W}(u_i,v_i,t_i)\boldsymbol{X}]^{-1}\boldsymbol{X}^{\mathrm{T}}\boldsymbol{W}(u_i,v_i,t_i)E(\boldsymbol{\varepsilon}) = \boldsymbol{\beta}$$

（7.20）

因为 $E(\varepsilon) = 0$ ，所以

$$E[\hat{\boldsymbol{B}}(u_i,v_i,t_i)] = \boldsymbol{\beta}$$

（7.21）

命题 2 若时空非平稳性是空间横坐标 u 、纵坐标 v 和时间 t 的线性组合，则局部多项式时空地理加权回归估计的回归系数是时空非平稳性的无偏估计。

证明 如果每个点 (u_i,v_i,t_i) 第 j 个自变量的回归系数 $\beta_j(u_i,v_i,t_i)$ 是该点横坐标 u_i 、纵坐标 v_i 和时间 t_i 的线性组合，只需证明 $E[\hat{\beta}_j(u_i,v_i,t_i)] = \beta_j(u_i,v_i,t_i)$ ，则局部多项式时空地理加权估计的回归系数是时空非平稳性的无偏估计。

每个点 (u_i,v_i,t_i) 第 j 个自变量的回归系数 $\beta_j(u_i,v_i,t_i)$ 是该点横坐标 u_i 、纵坐标 v_i 和时间 t_i 的线性组合，可以表示为

$$\beta_j(u_i,v_i,t_i) = a_j + b_j u_i + c_j v_i + d_j t_i, \quad j = 1,2,\cdots,p \quad （7.22）$$

(u_0,v_0,t_0) 为点 (u_i,v_i,t_i) 较小邻域范围内的任意一点，则该点的非平稳性回归系数可以表示为

$$\beta_j(u_0,v_0,t_0) = a_j + b_j u_0 + c_j v_0 + d_j t_0 \quad （7.23）$$

因此，每个点 (u_i,v_i,t_i) 第 j 个自变量的回归系数 $\beta_j(u_i,v_i,t_i)$ 可以进行泰勒级数展开，表示通过点 (u_i,v_i,t_i) 较小邻域范围内的任意一点 (u_0,v_0,t_0) 和空间横坐标差值 $u-u_0$ 、纵坐标 $v-v_0$ 和时间 $t-t_0$ 的线性组合，可以表示为

$$\beta_j(u_i,v_i,t_i) = \beta_j(u_0,v_0,t_0) + \beta_j^{(u)}(u_0,v_0,t_0)(u-u_0) + \beta_j^{(v)}(u_0,v_0,t_0)(v-v_0) +$$
$$\beta_j^{(t)}(u_0,v_0,t_0)(t-t_0), \quad j = 1,2,\cdots,p$$

（7.24）

其中， $\beta_j^{(u)}(u_0,v_0,t_0) = b_j$ ， $\beta_j^{(v)}(u_0,v_0,t_0) = c_j$ ， $\beta_j^{(t)}(u_0,v_0,t_0) = d_j$ 。

根据泰勒级数展开结果，每个样本点 (u_i,v_i,t_i) 因变量 y_i 可以表示为

$$y_i = \sum_{j=1}^{p} \beta_j(u_i, v_i, t_i) x_{ij} + \varepsilon_i$$

$$= \sum_{j=1}^{p} [\beta_j(u_0, v_0, t_0) + \beta_j{}^{(u)}(u_0, v_0, t_0)(u_i - u_0) +$$

$$\beta_j{}^{(v)}(u_0, v_0, t_0)(v_i - v_0) + \beta_j{}^{(t)}(u_0, v_0, t_0)(t_i - t_0)]x_{ij} + \varepsilon_i$$

（7.25）

因此，因变量向量 $\boldsymbol{Y}$ 可以表示为自变量矩阵 $\boldsymbol{X}$ 和回归系数矩阵 $\boldsymbol{B}$ 的乘积：

$$\boldsymbol{Y} = \begin{pmatrix} y_1 \\ y_2 \\ \vdots \\ y_n \end{pmatrix} = \boldsymbol{X}^{\mathrm{T}}(u_0, v_0, t_0)\boldsymbol{B}(u_0, v_0, t_0) + \boldsymbol{\varepsilon}$$

（7.26）

根据加权最小二乘准则，回归系数的拟合值 $\hat{\boldsymbol{B}}(u_0, v_0, t_0)$ 可以表示为

$$\hat{\boldsymbol{B}}(u_0, v_0, t_0)$$

$$= [\hat{\beta}_1(u_0, v_0, t_0), \hat{\beta}_1{}^{(u)}(u_0, v_0, t_0), \hat{\beta}_1{}^{(v)}(u_0, v_0, t_0), \hat{\beta}_1{}^{(t)}(u_0, v_0, t_0), \cdots, \hat{\beta}_p(u_0, v_0, t_0),$$

$$\hat{\beta}_p{}^{(u)}(u_0, v_0, t_0), \hat{\beta}_p{}^{(v)}(u_0, v_0, t_0), \hat{\beta}_p{}^{(t)}(u_0, v_0, t_0)]^{\mathrm{T}}$$

$$= [\boldsymbol{X}^{\mathrm{T}}(u_0, v_0, t_0)\boldsymbol{W}(u_0, v_0, t_0)\boldsymbol{X}(u_0, v_0, t_0)]^{-1}\boldsymbol{X}^{\mathrm{T}}(u_0, v_0, t_0)\boldsymbol{W}(u_0, v_0, t_0)\boldsymbol{Y}$$

$$= [\boldsymbol{X}^{\mathrm{T}}(u_0, v_0, t_0)\boldsymbol{W}(u_0, v_0, t_0)\boldsymbol{X}(u_0, v_0, t_0)]^{-1}\boldsymbol{X}^{\mathrm{T}}(u_0, v_0, t_0)\boldsymbol{W}(u_0, v_0, t_0)\boldsymbol{X}(u_0, v_0, t_0)\boldsymbol{B}(u_0, v_0, t_0) + \varepsilon]$$

$$= [\boldsymbol{X}^{\mathrm{T}}(u_0, v_0, t_0)\boldsymbol{W}(u_0, v_0, t_0)\boldsymbol{X}(u_0, v_0, t_0)]^{-1}\boldsymbol{X}^{\mathrm{T}}(u_0, v_0, t_0)\boldsymbol{W}(u_0, v_0, t_0) \ \boldsymbol{X}(u_0, v_0, t_0)\boldsymbol{B}(u_0, v_0, t_0) +$$

$$[\boldsymbol{X}^{\mathrm{T}}(u_0, v_0, t_0)\boldsymbol{W}(u_0, v_0, t_0)\boldsymbol{X}(u_0, v_0, t_0)]^{-1}\boldsymbol{X}^{\mathrm{T}}(u_0, v_0, t_0)\boldsymbol{W}(u_0, v_0, t_0)\boldsymbol{\varepsilon}$$

$$= \boldsymbol{B}(u_0, v_0, t_0) + [\boldsymbol{X}^{\mathrm{T}}(u_0, v_0, t_0)\boldsymbol{W}(u_0, v_0, t_0)\boldsymbol{X}(u_0, v_0, t_0)]^{-1}\boldsymbol{X}^{\mathrm{T}}(u_0, v_0, t_0) \ \boldsymbol{W}(u_0, v_0, t_0)\boldsymbol{\varepsilon}$$

（7.27）

因此，点 (u_0, v_0, t_0) 估计值的数学期望 $E[\hat{\boldsymbol{B}}(u_0, v_0, t_0)]$ 可以表示为

$$E[\hat{\boldsymbol{B}}(u_0, v_0, t_0)]$$

$$= E\{\boldsymbol{B}(u_0, v_0, t_0) + [\boldsymbol{X}^{\mathrm{T}}(u_0, v_0, t_0)\boldsymbol{W}(u_0, v_0, t_0)\boldsymbol{X}(u_0, v_0, t_0)]^{-1}\boldsymbol{X}^{\mathrm{T}}(u_0, v_0, t_0)\boldsymbol{W}(u_0, v_0, t_0)\boldsymbol{\varepsilon}\}$$

$$= E[\boldsymbol{B}(u_0, v_0, t_0)] + E\{[\boldsymbol{X}^{\mathrm{T}}(u_0, v_0, t_0)\boldsymbol{W}(u_0, v_0, t_0)\boldsymbol{X}(u_0, v_0, t_0)]^{-1}\boldsymbol{X}^{\mathrm{T}}(u_0, v_0, t_0)\boldsymbol{W}(u_0, v_0, t_0)\boldsymbol{\varepsilon}\}$$

$$= E[\boldsymbol{B}(u_0, v_0, t_0)] + E\{[\boldsymbol{X}^{\mathrm{T}}(u_0, v_0, t_0)\boldsymbol{W}(u_0, v_0, t_0)\boldsymbol{X}(u_0, v_0, t_0)]^{-1}\boldsymbol{X}^{\mathrm{T}}(u_0, v_0, t_0)\boldsymbol{W}(u_0, v_0, t_0)\}\}E(\boldsymbol{\varepsilon})$$

（7.28）

因为 $E(\varepsilon) = 0$ ，所以

$$E[\hat{\boldsymbol{B}}(u_0,v_0,t_0)]=E[\boldsymbol{B}(u_0,v_0,t_0)]=\boldsymbol{B}(u_0,v_0,t_0) \qquad (7.29)$$

$$E[\hat{\boldsymbol{B}}(u_0,v_0,t_0)]$$

$$=[E[\hat{\beta}_1(u_0,v_0,t_0)],E[\hat{\beta}_1^{(u)}(u_0,v_0,t_0)],E[\hat{\beta}_1^{(v)}(u_0,v_0,t_0)],E[\hat{\beta}_1^{(t)}(u_0,v_0,t_0)],\cdots,$$

$$E[\hat{\beta}_p(u_0,v_0,t_0)],E[\hat{\beta}_p^{(u)}(u_0,v_0,t_0)],E[\hat{\beta}_p^{(v)}(u_0,v_0,t_0)],E[\hat{\beta}_p^{(t)}(u_0,v_0,t_0)]]^{\mathrm{T}}$$

$$(7.30)$$

由此，对于第 j 个回归系数，解算得到的估计值是时空非平稳性的无偏估计，在空间横坐标、纵坐标和时间轴的一阶偏导数的估计值是其无偏估计，即

$$E[\hat{\beta}_j(u_0,v_0,t_0)]=\beta_j(u_0,v_0,t_0)=a_j+b_ju_i+c_jv_i+d_jt_i \qquad (7.31)$$

$$E[\hat{\beta}_j^{(u)}(u_0,v_0,t_0)]=\hat{\beta}_j^{(u)}(u_0,v_0,t_0)=b_j \qquad (7.32)$$

$$E[\hat{\beta}_j^{(v)}(u_0,v_0,t_0)]=\hat{\beta}_j^{(v)}(u_0,v_0,t_0)=c_j \qquad (7.33)$$

$$E[\hat{\beta}_j^{(t)}(u_0,v_0,t_0)]=\hat{\beta}_j^{(t)}(u_0,v_0,t_0)=d_j \qquad (7.34)$$

7.3 算法流程

前面给出了解决异方差的局部多项式时空地理加权回归模型和基于泰勒级数的加权最小二乘估计方法，为了更准确阐述其总体思想，图 7-1 给出了具体的实现流程。

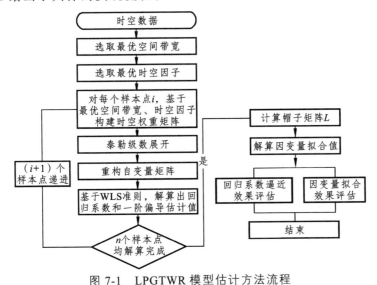

图 7-1 LPGTWR 模型估计方法流程

表 7-1　局部多项式时空地理加权回归估计方法

算法描述：局部多项式时空地理加权回归估计方法

输入：自变量矩阵 X，空间横坐标 u 和纵坐标 v，时间 t，因变量 y。

输出：局部多项式时空地理加权回归因变量拟合值 $\hat{Y}$ 和回归系数拟合值 $\hat{\beta}$。

算法步骤：

步骤 1：根据 GWR 模型的 CV 最小准则，计算得到最优空间的带宽 h；根据 GTWR 模型的 CV 最小准则，计算得到最优时空因子 τ。

步骤 2：根据最优空间带宽 h、时空因子 τ，计算时空距离 d^{ST}，并构建每个样本点 (u_i, v_i, t_i) 的时空权重矩阵 W_i。

步骤 3：对每个样本点 (u_i, v_i, t_i) 第 j 个回归系数 $\beta_j(u_i, v_i, t_i)$ 进行泰勒级数展开，展开为该点较小邻域范围内任意点 (u_0, v_0, t_0) 的空间横坐标 u_0、纵坐标 v_0、时间 t_0 及横坐标一阶偏导 $\beta_j^{(u)}(u_0, v_0, t_0)$、纵坐标一阶偏导 $\beta_j^{(v)}(u_0, v_0, t_0)$ 及时间一阶偏导 $\beta_j^{(t)}(u_0, v_0, t_0)$ 线性组合。

步骤 4：基于泰勒级数展开结果，重新设计自变量矩阵 X_1。

步骤 5：基于加权最小二乘原则，计算得到待求回归系数估计值，包括回归系数 $\hat{\beta}_j(u_0, v_0, t_0)$ 和空间横坐标一阶偏导 $\hat{\beta}_j^{(u)}(u_0, v_0, t_0)$、纵坐标一阶偏导 $\hat{\beta}_j^{(u)}(u_0, v_0, t_0)$、时间方向一阶偏导 $\hat{\beta}_j^{(t)}(u_0, v_0, t_0)$。

步骤 6：根据帽子矩阵 L，求解因变量的拟合值 $\hat{Y}$，证明解算的回归系数估计值是回归系数的无偏估计。

步骤 7：通过 AIC、MSE 回归系数指标对每个观测点的回归系数逼近效果进行评估；并且用 AIC、MSE 等评价指标对解算出的因变量 $\hat{Y}$ 拟合效果进行评估。

算法结束

7.4　方法验证和应用

为了测试 LPGTWR 模型的性能，本节采用模拟数据和真实数据，以 LPGWR、GTWR 模型为对比方法进行实验分析。模拟数据的回归系数和因变量的真值是已知的，可以对比回归系数的估计值和真实值之间的关系，分析 LPGTWR 模型对回归系数估计的性能。真实数据的回归系数的真值是未知的，可以从模型估计的角度，评价 LPGTWR 模型的整体性能，从而为了解 LPGTWR 模型的特点和开展方法应用提供依据。

7.4.1 模拟数据实验

1）实验数据设计

本文以 u,v 为平面坐标轴，以 t 为时间轴建立一个三维立体空间。设空间左下角为原点，立体空间每个坐标轴长度均为 12 单位长度，令 u,v,t 的取值分别为 0，1，2，$\cdots$，$m-1$，观测点均匀地分布在 $m\times m\times m$ 的格点上，那么空间内共有 $n=m_3$ 个观测点，观测点的坐标取值可以按照以下公式计算：

$$(u_i,v_i,t_i)=\left(\mathrm{mod}(i-1,m),\mathrm{mod}\left(\mathrm{int}\left(\frac{i-1}{m}\right),m\right),\mathrm{int}\left(\frac{i-1}{m^2}\right)\right),\quad i=1,2,\cdots,m_3$$

（7.35）

其中，$\mathrm{mod}(a,b)$ 表示 a 除以 b 后的余数；$\mathrm{int}(a/b)$ 表示 a 除以 b 后取整。

模拟数据的因变量是由系数、自变量和残差生成的，公式如下：

$$y_i=\beta_0+\beta_1x_{1i}+\beta_2x_{2i}+\varepsilon_i,\quad i=1,2,\cdots,n$$

（7.36）

其中，x_{1i}，x_{2i} 是分布在(-4, 4)之间的随机数；残差 $\varepsilon_i(i=1,2,\cdots,n)$ 是服从正态分布的随机数，$\varepsilon_i\sim N(0,1)$；回归系数 β_0，β_1，β_2 与 u,v,t 相关。本节设置三组模型，第一组是常系数和空间变系数组合，第二组是时空变系数组合，第三组是常系数和时空变系数组合。三组公式如下：

Group 1: $\beta_0=(u+v+t)/6,\beta_1=2t,\beta_2=1/324[36-(6-u)^2][36-(6-v)^2]$

Group 2: $\beta_0=(u+v)/6,\beta_1=u/6,\beta_2=\dfrac{(u+v+t)}{12}$

Group 3: $\beta_0=(u+v)/6,\beta_1=2t,\beta_2=\dfrac{(u+v+t)}{12}$

按照上述条件，生成 3 组数据（Group 1 ~ Group 3），为了消除数据生成时产生的随机误差，每组数据生成 10 套，每个方法重复 10 次实验，计算结果为 10 次结果的平均值。

2）评价指标

为了分析 LPGTWR 方法的性能，本节采用 AIC 指标[94]、平均均方误差统计量和回归系数偏差的统计量三个指标作为评价标准。AIC 准则用于评价不同模型性能和适用性，此处不再赘述。平均均方误差统计量用于评价方法整体估计效果，回归系数偏差统计量用于分析回归系数估计准确程度。

（1）平均均方误差统计量。

均方误差是模型估计值与真实值之差的平方的期望，是评价模型整体平均误差的一种有效方法。均方误差能评价模型的估计精度，均方误差越小，说明模型估计结果与真值越接近，整体估计的精确度越高。为了消除数据生成时产生的随机误差，每个方法重复 10 次实验，因此采用 10 次实验 MSE 的平均值，作为评价方法的统计量，记作平均均方误差统计量：

$$MSE(k) = \frac{1}{n}\sum_{i=1}^{n}(y_i - \hat{y}_i)^2 \tag{7.37}$$

$$M(MSE) = \frac{1}{k}\sum_{i=1}^{k}MSE_k \tag{7.38}$$

其中，y_i 表示第 i 点的真实值；$\hat{y}_i$ 表示第 i 点的估计值；n 表示观测点个数；k 表示第 k 次重复实验。

（2）回归系数偏差的统计量。

回归系数偏差的统计量用于分析回归系数估计准确程度。它是回归系数的真实值和估计值之间偏差的统计量。由于现实中，回归系数真值无法获取，该评价方法只能用于模拟数据。设模型中第 j 个回归系数的偏差统计量为 $B(j)$，其计算公式可表示为

$$B(j) = \frac{1}{n}\sum_{i=1}^{n}\{\beta_j(u_i,v_i,t_i) - \hat{\beta}_j(u_i,v_i,t_i)\}^2 \qquad (7.39)$$

其中，$\beta_j(u_i,v_i,t_i)$ 表示在 t_i 时刻位置 (u_i,v_i) 处的第 j 个回归系数的真实值；$\hat{\beta}_j(u_i,v_i,t_i)$ 表示估计值；n 表示观测点个数。

3）实验结果分析

本节实验采用 CV 法确定最优带宽和时空参数。如表 7-2 所示，分别计算 Group 1 ~ Group 3 数据在 LGWR、GTWR 和 LPGTWR 方法下的最优带宽和最优时空因子，结果为 10 次重复实验的最小值（min）、平均值（mean）和最大值（max）。其中，第一列表示数据，第二列表示统计指标，第三列表示 LGWR 方法的最优带宽，第四列、第五列分别表示 GTWR 方法的最优带宽和最优时空因子，最后两列分别表示 LPGTWR 方法的最优带宽和最优时空因子。

表 7-2　最优带宽和时空参数结果统计

数据	统计指标	LGWR	GTWR		LPGTWR	
		最优带宽	最优带宽	最优时空因子	最优带宽	最优时空因子
	min	5.5	2	6.51	2	1.1
Dataset1	mean	12.55	2.01	7.01	2.45	2.4
	max	20.5	2.1	8.01	2.5	3.5
	min	11	3.05	4.01	3.05	3.1
Dataset 2	mean	29	3.6	6.04	3.6	5.3
	max	31	3.9	9.01	4.5	6.1
	min	15	2.1	9.51	3.05	6.5
Dataset 3	mean	20.4	2.48	9.555	3.4	7.1
	max	21	2.6	9.6	3.9	11.1

为了评价方法的适用性，本节选择 AIC 作为评价指标[113]，记录了 10 次实验的平均值，统计结果如表 7-3 所示。其中，第一列表示数据，第二至四列分别表示 LGWR、GTWR 和 LPGTWR 方法的 AIC 值，第四

列、第五列分别表示 LPGTWR 相对 LGWR、GTWR 方法的性能提升情况。统计结果表明，Dataset 1、Dataset2 和 Dataset3 中，LPGTWR 方法都取得了最小的 AIC 值，说明 LPGTWR 比 LGWR、GTWR 的适用性更好。对于同一种方法，Dataset 2 数据效果最好，Dataset 1 数据最差，说明数据复杂程度对方法有影响。一般地，数据越简单，模拟效果越好；数据越复杂，模拟效果差。从 LPGTWR 性能提升情况看，三组数据 AIC 值相差均大于 3，且 LPGTWR/LGWR 性能提升幅度比 LPGTWR/GTWR 幅度大，说明增加了时间因素对性能提升有帮助。

表 7-3　LGWR、GTWR 和 LPGTWR 方法平均 AIC 统计值

数据	LGWR	GTWR	LPGTWR	LPGTWR/LGWR 性能提升	LPGTWR/GTWR 性能提升
Dataset 1	5708.245	2981.257	2582.006	3126.239	399.251
Dataset 2	2264.925	2239.549	2231.584	33.341	7.965
Dataset 3	5701.105	2478.47	2218.583	3482.522	259.887

为了评价整体估计效果，本节采用平均 MSE 作为整体估计效果分析的评价指标，平均 MSE 的值越小，说明估计值越接近真实值，模型的精确度越高。表 7-4 给出了 Group 1 ~ Group 3 在 LGWR、GTWR 和 LPGTWR 方法下的 MSE 平均值。其中，第一列表示数据，第二至四列分别表示 LGWR、GTWR 和 LPGTWR 方法的平均 MSE 值，第五列、第六列分别表示 LPGTWR 相对 LGWR、GTWR 的平均 MSE 性能提升百分比。实验结果分析得出以下结论：首先，从方法上看，LPGTWR 方法在所有数据估计中均取得了最小平均 MSE，GTWR 方法取得了较好的效果，因此，LPGTWR 方法整体估计效果优于 GTWR，GTWR 方法整体估计效果优于 LGWR。其次，从三组数据看，Dataset 2 模拟效果比较稳定，而 Dataset 1 和 Dataset3 中，LGWR 方法误差很大，这说明数据复杂性和时间因素的增加给 LGWR 方法带来了干扰，而相对

LGWR，GTWR 和 LPGTWR 能给出较稳定的估计结果。最后，从方法提升比率看，LPGTWR 比 LGWR、GTWR 平均 *MSE* 性能提升比率大于 14%，说明 LPGTWR 方法有明显的改善。

表 7-4　LGWR、GTWR 和 LPGTWR 方法的 *MSE* 统计值

数据	LGWR	GTWR	LPGTWR	LPGTWR/ LGWR 性能 提升比率	LPGTWR/ GTWR 性能 提升比率
Dataset 1	140.498 6	1.558 552	1.224 298	99.13%	21.45%
Dataset 2	1.256 519	1.067 717	0.898 352	28.50%	15.86%
Dataset 3	139.882 3	1.027 06	0.882 689	99.39%	14.06%

为了分析模型回归系数的估计精度，本节采用回归系数分布情况。图 7-2 给出了 Group 3 的回归系数 β_0 分布图。由图 7-2 可知，LGWR、LPGTWR 模拟结果的分布趋势与真值整体上保持一致，GTWR 模拟结果局部波动性较大。而从分布区间看，LGWR 估计结果的分布范围与真值偏差较大，导致了平均 *MSE* 结果偏大，尽管 GTWR 分布上趋势有所偏差，但估计值范围与真值基本保持一致。LPGTWR 估计结果既保持了较好的分布趋势，又在分布范围上偏差较小。因此，从回归系数分布角度看，LPGTWR 方法能较好地估算回归系数分布和整体趋势，对估算和预测有较好的参照价值。

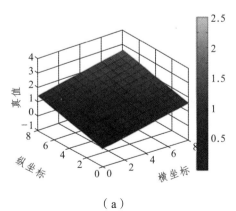

（a）

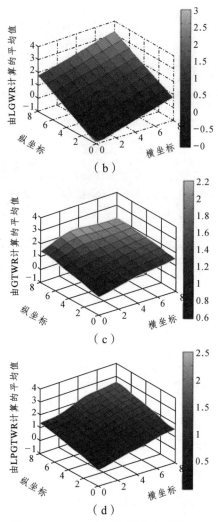

图 7-2 Group 3：模拟拟合系数 β_0

注：（a）真值；（b）由 LGWR 计算的估计值；（c）由 GTWR 计算的估计值；（d）由 LPGTWR 计算的估计值。

本文详细对比了三种方法的回归系数偏差。图 7-3～图 7-5 给出了回归系数偏差分布二值图。以图 7-3（a）为例，横坐标表示 LGWR（GTWR）的回归系数偏差，纵坐标表示 LPGTWR 的回归系数偏差，散点表示 10 次重复实验。当散点靠近横坐标轴时，说明横坐标轴方法估计的偏差大于纵坐标轴方法估计的偏差，即纵坐标轴方法要优于横坐标轴方法；反之，横坐标轴方法优于纵坐标轴方法。

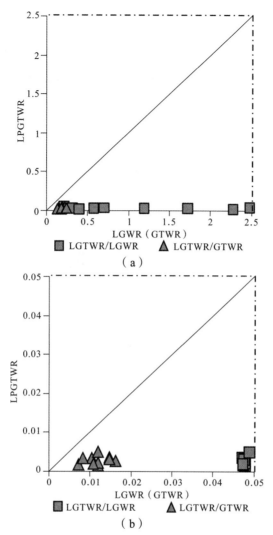

图 7-3　LPGTWR/LGWR、LPGTWR/GTWR 回归系数偏差分布图

注：（a）Group1 β_0；（b）Group2 β_2。

图 7-3 为 Group 1 β_0、Group 2 β_2 的回归系数偏差分布二值图。由模拟数据生成公式可知，Group 1 β_0 和 Group 2 β_2 表示局部时空变系数。图 7-3（a）和（b）中的散点均位于 $y=x$ 下方且靠近横坐标轴，说明 LPGTWR 方法优于 LGWR 和 GTWR 方法。此外，LGWR 的偏差大于 LPGTWR 的偏差，说明 LPGTWR 方法优于 LGWR 方法。

图 7-4 为 Group 3 β_1 分别在 LPGTWR/LGWR 和 LPGTWR/GTWR

下的回归系数偏差分布二值图。由模拟数据生成公式可知，Group 3 β_1 表示局部时间变系数。图 7-4（a）和（b）中的散点均位于 $y = x$ 下方且靠近横坐标轴，说明 LPGTWR 方法优于 LGWR 和 GTWR 方法。

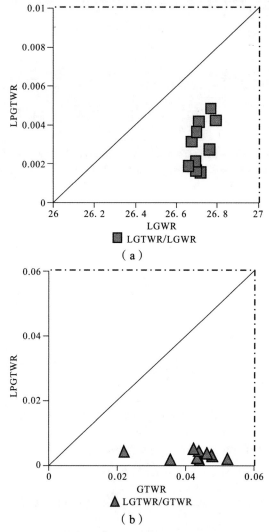

图 7-4　Group3 β_1 的回归系数偏差分布图

注：（a）LPGTWR/LGWR；（b）LPGTWR/GTWR。

　　此外，LGWR 的偏差远大于 LPGTWR 的偏差，说明对于局部时空变回归系数估计，是否考虑时间因素是影响模型精度的关键，在考虑时间因素的前提下，局部多项式可提升估计精度。

图 7-5 为 Group 2 β_0、Group 2 β_1 的回归系数偏差分布二值图。由模拟数据生成公式可知，Group 2 β_0、Group 2 β_1 表示局部空间变系数。图 7-5（a）和（b）中的 LPGTWR/GTWR 散点均位于 $y=x$ 下方且靠近横坐标轴，说明 LPGTWR 方法优于 GTWR 方法，而 LPGTWR/LGWR 散点位于 $y=x$ 下方且靠近纵坐标轴，说明 LGWR 方法估计偏差小于 LPGTWR，表明 LGWR 方法优于 LPGTWR 方法，但两者相差不大。

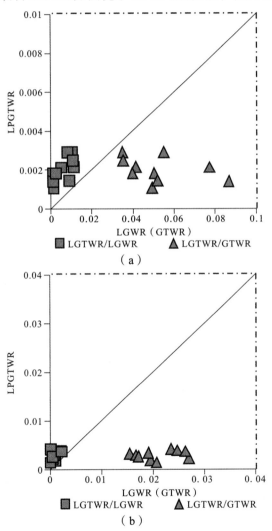

图 7-5 LPGTWR/LGWR、LPGTWR/GTWR 回归系数偏差分布图

注：（a）Group2 β_0；（b）Group2 β_1。

7.4.2 方法应用

本章以长江中下游地区人口及影响因素为例,采用基于逐步回归特征变量选取方法的变量,分别建立 LGWR、GTWR 和 LPGTWR 模型,进行实验分析。需要说明的是,LGWR 模型中没有考虑时间因素,因此在其建模过程中没有将时间因素考虑在内。

表 7-5 ~ 表 7-7 分别给出了 LGWR、GTWR 和 LPGTWR 模型的回归系数估计值的统计情况。其中,第一列表示回归系数名称(*Int* 表示截距),第二至七列分别记录了回归系数估计结果的最小值、下四分位数、均值、中位数、上四分位数和最大值。

表 7-5　LGWR 模型回归系数估计结果统计

变量	最小值	下四分位数	均值	中位数	上四分位数	最大值
Int	−2.438 09	0.196 49	0.324 446	0.446 021	0.658 91	1.198 982
GDP	−0.713 12	0.046 045	0.152 536	0.106 715	0.172 065	2.312 735
Tem	−5.225 48	0.274 152	0.443 469	0.586 193	1.000 227	2.061 224
ResArea	−1.433 35	0.240 964	0.398 837	0.392 855	0.608 207	1.426 727

表 7-6　GTWR 模型回归系数结果统计

变量	最小值	下四分位数	均值	中位数	上四分位数	最大值
Int	−8.311 778	−3.114 855 9	−0.115 11	−0.205 81	1.775 392 3	20.536 46
GDP	−1.041 718	0.048 335 07	0.130 652	0.117 692	0.228 356 3	1.676 346
Tem	−16.646 61	0.063 157 94	1.020 015	1.938 575	3.468 260 1	6.962 924
ResArea	−1.577 53	0.279 083 98	0.345 394	0.399 552	0.559 326 3	1.146 662

表 7-7　LPGTWR 模型回归系数结果统计

变量	最小值	下四分位数	均值	中位数	上四分位数	最步大值
Int	−1.395 29	−0.009 74	0.204 547	0.154 933	0.470 641	1.231 122
GDP	−0.878 97	0.012 852	0.201 04	0.157 184	0.393 382	1.545 736
Tem	−2.143 94	0.005 155	0.286 206	0.224 517	0.676 102	1.583 296
ResArea	−2.102 4	0.179 989	0.445 36	0.373 376	0.710 157	1.955 697

表 7-8 给出了 LGWR、GTWR、LPGTWR 方法性能对比，具体指标包括拟合优度（R^2）、调整型拟合优度（R_{adj}^2）、均方差（MSE）、误差项平方和（sum of squares for error，SSE）等。结果显示，LPGTWR方法拟合优度达 0.88，比 LGWR 方法提升 24.10%，比 GTWR 方法提升 8.30%。LPGTWR 方法均方差为 0.014 8，比 LGWR 方法提升 53.36%，比 GTWR 方法提升 36.59%。这说明局部多项式时空地理加权回归方法在时空地理加权回归方法基础上弥补了不足，提升了拟合结果。

表 7-8 LGWR、GTWR 和 LPGTWR 方法性能对比

	R^2	R_{adj}^2	MSE	SSE	RSE
LGWR	0.711 4	0.707 2	0.036 3	7.556 8	0.191 1
GTWR	0.815 2	0.811 6	0.023 4	4.839 6	0.152 9
LPGTWR	0.882 8	0.880 5	0.014 8	3.068 6	0.121 8
LPGTWR/LGWR 性能提升比率	24.10%	24.51%	59.36%	59.39%	36.29%
LPGTWR/GTWR 性能提升比率	8.30%	8.50%	36.59%	36.59%	20.37%

7.4.3 结果分析

实验从方法适用性、整体估计效果和回归系数估计效果三个角度进行分析。

1）方法适用性角度分析

首先，三组模拟数据的实验结果显示，LPGTWR 方法的 AIC 值比 LGWR 和 GTWR 小，且相差远大于 3，说明 LPGTWR 方法在局部时空非平稳情况下，适用性最好。其次，表 7-3 显示，LGWR 方法在 Dataset 1 和 Dataset 3 两组数据中的 AIC 值远大于在 Dataset 2 数据中的值，而 GTWR 和 LPGTWR 在三组数据中的 AIC 值相差没有这么大，这是因为 LGWR 方法没有考虑时间因素，所以，时间因素比异方差对结果影响程度更大。最后，在同一种方法下，Dataset 2 的 AIC 值最小，Dataset 1 的 AIC 值最大，说明数据的复杂性会影响方法的模拟效果，而 LGTWR

方法受到的影响最小。

2）整体估计效果角度分析

模拟数据中，LPGTWR 方法的 *MSE* 比 GTWR 方法分别提升了 21.45%、15.86%、14.06%，比 LGWR 方法分别提升了 99.13%、28.50%、99.37%。真实数据中，LPGTWR 方法的 *MSE* 比 LGWR、GTWR 方法分别提升了 24.10%、8.30%，说明 LPGTWR 方法整体拟合效果优于 GTWR 方法，且远优于 LGWR 方法。

3）回归系数估计效果分析

从回归系数分布图可知，LPGTWR 方法能较好地估算回归系数分布和整体趋势，对估算和预测有较好的参照价值，GTWR 方法在回归系数整体趋势分布上有较小的偏差，但估算的分布与真值保持一致，LGWR 方法虽然能在回归系数整体趋势分布上保持一致，但估计结果偏差较大。从回归系数偏差可知，各方法估计效果与回归系数特点关系很大。对于局部时空变系数和局部时间变系数，LPGTWR 方法估计精度高于 GTWR 方法，且两者远优于 LGWR 方法；对于局部空间变系数，LGWR 方法估计精度优于 LPGTWR 方法，且两者优于 GTWR 方法，因此，时间因素影响远大于异方差因素，在建模时，首先应考虑是否存在时空非平稳，再考虑是否存在异方差。

7.5　本章小结

本章针对现有的时空非平稳性解算方法无法消除异方差的问题，提出了局部多项式时空地理加权回归方法，以及基于泰勒级数的加权最小二乘估计方法，即在三元一阶泰勒级数展示式的基础上，对时空回归系数和模型进行拟合，并证明了基于泰勒级数的加权最小二乘在时空非平稳下是无偏估计。实验利用模拟数据和真实数据，从方法适用性、整体估计效果和回归系数估计效果三个角度评价分析了 LPGTWR 的性能，为 LPGTWR 方法的应用提供了参考。

第 8 章
时空卷积神经网络加权回归方法

在大数据时代背景下，地理对象呈现出空间特征复杂化、时空趋向一体化的特点，这对时空非平稳关系建模表达的时空邻近关系和时空权函数的复杂度等要求显著提高。卷积神经网络加权回归方法有局部连接、权值共享、降采样等特点，能够按阶层结构对输入信息进行分类，可以突破样本空间的束缚，提升模型的计算效率，但它作为全局回归方法，未能顾及拟合点的时空维度变化。时空地理加权回归能很好地探测时空非平稳特征，将两者结合可以解决时空异质性问题，同时提升时空应用场景下的拟合效果。

8.1 时空卷积神经网络加权回归

吴森森等提出的地理时空神经网络加权回归（geographically and temporally neural network weighted regression，GTNNWR）方法[99]利用神经网络学习复杂非线性特征的优势，将空间和时间的线性构造函数转换为全连接神经元的拓扑结构函数进行分析，能够有效解决时空非平稳性问题，但随着神经元的个数增多，网络的深度和复杂度会大幅提升，模型的拟合效果欠佳。本书提出时空卷积神经网络加权回归（geographically and temporally weighted regression method based on convolutional neural networks，GTCNNWR）方法，通过卷积计算将局部连接代替全连接，将非线性权重求解问题转化为深度卷积神经网络解算，能够优化网络学习方式，提升网络对特征的学习能力，降低网络计算的复杂度，提升模型的拟合优度。时空卷积神经网络加权回归方法的公式表达为

$$y_i = \sum_{k=0}^{p} w_k(s_i, t_i) \times \beta_k x_{ik} + \varepsilon_i, \quad i = 1, 2, \cdots, n \quad (8.1)$$

其中，β_k 表示第 i 个拟合点的回归系数；$w_k(s_i, t_i)$ 是第 i 个回归点的非线性时空核函数；s_i，t_i 表示第 i 个回归点的空间和时间距离。GTCNNWR 模型是对线性回归模型的扩展，该模型将空间和时间差异化所引起的时空关系变化嵌入到回归系数的计算中，整理上式得

$$\hat{y}(s_i, t_i) = \sum_{k=0}^{p} \hat{\beta}_k(s_i, t_i) x_{ik} = \sum_{k=0}^{p} w_k(s_i, t_i) \times \hat{\beta}_k(OLR) x_{ik}$$

拟合值 $\hat{y}(s_i, t_i)$ 可用矩阵表达为

$$\hat{y}(s_i, t_i) = \boldsymbol{x}_i^{\mathrm{T}} \hat{\beta}(s_i, t_i) = \boldsymbol{x}_i^{\mathrm{T}} \boldsymbol{W}(s_i, t_i)(\boldsymbol{X}^{\mathrm{T}} \boldsymbol{X})^{-1} \boldsymbol{X}^{\mathrm{T}} \boldsymbol{y} \quad (8.2)$$

式（8.2）中，$\boldsymbol{W}(s_i, t_i)$ 为 GTCNNWR 方法的时空核函数，即

$$\boldsymbol{W}(s_i, t_i) = \begin{bmatrix} w_0(s_i, t_i) & & & \\ & w_1(s_i, t_i) & & \\ & & \ddots & \\ & & & w_p(s_i, t_i) \end{bmatrix}$$

$\boldsymbol{W}(s_i, t_i)$ 矩阵的计算方式为

$$\boldsymbol{W}(s_i, t_i) = GTWCNN(D_i^{\mathrm{ST}})$$

其中，D_i^{ST} 为回归点 i 的非线性拟合的时空距离，由基于时空关系的神经网络（GTDNN）构造生成：

$$D_i^{\mathrm{ST}} = GTDNN(D_i^{\mathrm{S}}, D_i^{\mathrm{T}})$$

其中，$D_i^{\mathrm{S}}, D_i^{\mathrm{T}}$ 分别代表样本点 i 的空间和时间邻近关系的表征量。时空地理加权回归方法的权重计算公式可表示为

$$W(s_i, t_i) = GTWCNN(D_i^{ST})$$
$$= GTWCNN(GTDNN(D_i^S, D_i^T))$$

8.2 GTCNNWR 模型的估计方法

时空卷积神经网络加权回归方法的非线性核函数通过表示特征空间中原始变量多项式上的向量相似性来拟合数据集间的非线性关系。该方法由 GTDNN 和 GTWCNN 两个子网络构成。GTDNN 网络由一个输入层、三个隐含层和一个输出层构成。GTWCNN 由两个卷积层、两个池化层、一个展平层、三个隐藏层和一个输出层组成。其中,GTWCNN 网络的输入为 GTDNN 网络的输出，即每个回归点的空间距离和时间距离由 GTDNN 拟合得到时空距离，该点的时空距离权值通过 GTWCNN 网络计算得出。综上所述，时空卷积神经网络加权回归方法求解过程如图 8-1 所示。

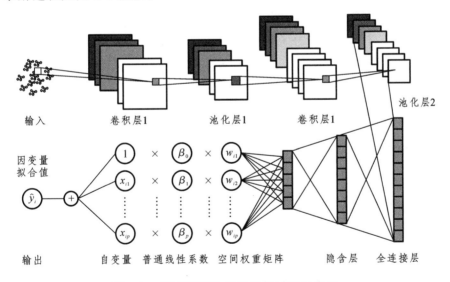

图 8-1　GTCNNWR 模型求解过程示意图

为了进一步说明 GTCNNWR 模型的估计方法,本书整理了 GTCNNWR 算法流程，如表 8-1 所示。

表 8-1 时空卷积神经网络加权回归方法算法流程

算法描述：时空卷积神经网络加权回归方法

输入：自变量数据集以及对应的空间坐标和时间信息，因变量数据集。

输出：自变量的对应权重系数。

算法步骤：

步骤 1：GTDNN 网络模型训练开始。

步骤 2：计算时空距离，构建邻域矩阵。

步骤 3：交叉验证数据集划分。将数据集按照比例等分，划分成交叉验证集与测试集，再将交叉验证集等分，每次训练一份数据担当验证集，其余数据参与模型训练。

步骤 4：GTWCNN 网络模型训练开始。根据预先设置的相关参数对网络进行超参数的初始化，包含初始化卷积核大小与最大学习率、迭代次数等。

步骤 5：将本次参与训练的某一数据集划分成多个 Mini Batch。

步骤 6：按顺序将 Mini Batch 纳入训练过程。

步骤 7：判断本次 epoch 是否已经完成，如果未完成，切换为下一个 Mini Batch 进行训练。

步骤 8：对完成的 epoch 进行过拟合指标的计算。

步骤 9：根据已经计算完成的指标进行判断。如果优于之前最佳模型，将当前神网络参数记录并将容忍值归零；否则，判断容忍值是否已经到达设置的最大值。若是，结束训练并还原最佳模型的各项参数；否则，增加容忍值继续训练。

步骤 10：判断 epoch 的次数是否已经到达上限。若是，结束训练并还原最佳模型的各项参数；若否，对参与训练的数据集进行打乱处理，继续进行训练。

步骤 11：计算并验证模型泛化能力，得到最优权重系数。

步骤 12：结束网络训练过程。

算法结束

在进行 GTCNNWR 模型估算时，模型参数设置很重要。本书对
GTDNN 方法和 GTWCNN 方法进行了参数配置，以便进行后续实验分
析和方法应用。地理神经网络加权回归方法是通过地理位置进行加权
的深层神经网络，该模型具体参数设置如表 8-2 所示。

表 8-2　GTDNN 方法具体参数设置

网络结构	输入层	隐含层 1	隐含层 2	隐含层 3	输出层
	1 829	512	256	128	9
超参数设置	学习率	epoch 最大值	批处理大小	Dropout	
	0.01	200 000	128	0.85	

时空卷积神经网络加权回归方法中输入层、卷积层、池化层、展
平层、隐含层及输出层的参数设置情况如表 8-3 所示。该网络的输入
层是 GTDNN 网络的输出结果，其余卷积层和池化层的参数设置与上
述网络层相同。用于展平数组的展平层为 1×2560 维，接下来的隐藏
层个数分别为 1 024，512 和 256，网络的最后是 1×7 的输出层。时空
卷积神经网络加权回归方法的初始学习率、最大学习率分别为 0.05 和
0.63，模型训练最大 epoch 迭代次数为 200 000，Dropout 参数为 0.2。

表 8-3　GTWCNN 方法具体参数设置

参数类型	层级		值
网络结构	输入层		40×32
	卷积层 1	卷积核大小	5×5
		卷积操作步长	1
		卷积核个数	16
	池化层 1	过滤器尺寸	[1, 2, 2, 1]
		步长	[1, 2, 2, 1]
	卷积层 2	卷积核大小	5×5
		卷积操作步长	1
		卷积核个数	16

参数类型	层级		值
	池化层 2	过滤器尺寸	[1, 2, 2, 1]
		步长	[1, 2, 2, 1]
	展平层		2560
	隐藏层 1		1024
	隐藏层 2		512
	隐藏层 3		256
	输出层		9
超参数	初始学习率		0.01
	最大学习率		0.67
	epoch 最大值		200000
	批处理大小		128
	Dropout		0.01

8.3 方法验证和应用

8.3.1 数据特征统计结果

本实验以北京市为研究对象，利用商品房平均销售价格数据来验证时空卷积神经网络加权回归方法的有效性。本研究使用的数据集包括：

（1）1980—2022 年期间 1 829 条房价数据，包含小区名、坐标信息、房价、卫生间数量、装修状况、绿化率、容积率、面积、建造年代、物业费等信息。

（2）兴趣点（point of interest，POI）数据点共 5 593 个，包括地铁和学校等。

（3）空间数据，包括北京市矢量边界图、河流空间分布图等，来源于国家基础地理信息中心（http://www.webmap.cn/commres.do?method=result100W）。

实验变量统计信息如表 8-4 所示。

表 8-4　实验变量统计信息

变量类型	变量名称	变量说明
因变量	PRICE	商品房平均销售价格/（元/m²）
自变量	TOILET	卫生间数量/个
	DECORATE	装修状况（毛坯：0，简单装修：1，精装修：2，豪华装修：3）
	PLOT	容积率/%
	GREEN	绿化率/%
	FEE	物业费/(元/m²·月)
	YEAR	建造年/年
	A_{house}	房屋建筑面积/m²
	$LogD_{subway}$	小区到最近地铁站的欧氏距离（取对数）
	$LogD_{school}$	小区到最近学校的欧氏距离（取对数）

根据多重共线性诊断原理，本实验对卫生间数量、装修状况、容积率、绿化率、物业费、房屋建造年、建筑面积、小区到最近地铁站和学校的欧氏距离等自变量进行了共线性诊断，其结果如表 8-5 所示。

表 8-5　共线性检验与相关分析结果

变量名称 (Variate)	最小值 (Min)	最大值 (Max)	平均值 (Mean)	标准误 (Std.Error)	方差膨胀因子(VIF)
INTERCEPT	—	—	—	109.678	—
TOILET	0.000	9.000	1.670	27.293	2.765
DECORATE	0.000	3.000	1.699	32.584	1.026
PLOT	0.260	8.000	1.959	22.147	1.159
GREEN	0.100	0.800	0.327	234.161	1.107
FEE	0.030	18.000	2.035	10.705	1.351
YEAR	1.000	43.000	24.669	2.219	1.248
A_{house}	16.200	2 323.000	137.921	0.211	2.454
$LogD_{subway}$	3.936	27 200.224	2 238.607	0.004	1.040
$LogD_{school}$	9.759	3 313.453	513.210	0.050	1.155
PRICE	200.000	35 000.000	917.613	1 328.526	—

根据表 8-5 可知，本实验变量的方差膨胀因子的最大值为 2.765，最小值为 1.026，因此，各自变量之间均不存在多重共线性现象。同时，变量的最小值、最大值、均值、标准误是检验数据准确性的重要指标。根据统计结果可以发现，房屋拥有卫生间最大个数为 9 个，该户型为占地面积较大的多层别墅；装修状况大多为精装修；容积率平均值为 1.959；绿化率最小值仅为 10%，最大值高达 80%；物业费平均每月每平方米 2 元；房屋的建造年代大部分属于 20 世纪 90 年代的房屋，即在 1990 年至 1999 年期间建成；房屋的平均面积为 137.921 m²；小区到最近地铁站的非欧式距离为 2 238.607 m，到最近学校的距离为 513.210 m；北京市一套二手房的平均房价为 917.613 元，呈现近似于正态分布并存在较大的空间异质性。

本实验采用均方根差（root mean square error，RMSE）和 AIC 值作为地理神经网络加权回归和时空卷积神经网络加权回归方法拟合能力的评估指标，其值越低，表示模型预测结果的可信度越高。在训练集、交叉验证集和测试集的训练过程中，RMSE 和 AIC 每隔 5 个 epoch 就被计算一次，以选择当前训练下的最优模型参数。在三个样本集的训练过程中出现模型指标不再保持下降的情况时，地理神经网络加权回归和时空卷积神经网络加权回归方法将停止训练，返回此次训练过程中得到的最优模型参数，如图 8-2 所示。以时空卷积神经网络加权回归方法的训练集训练过程为例，当 AIC 值由平稳下降转为逐渐收敛时，模型停止训练，返回当前训练结果。当 epoch=50 000 时，RMSE 值下降至最低，则认为时空卷积神经网络加权回归方法训练获得了最优拟合能力，继续训练会出现过拟合的情况。

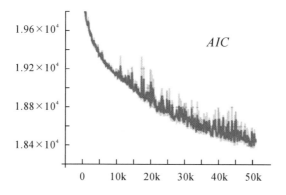

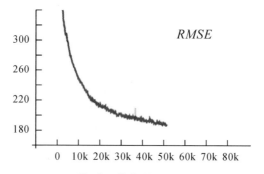

图 8-2　GTCNNWR 模型训练集的 *AIC* 和 *RMSE* 值拟合情况

　　对于深度学习网络来说，判断模型的拟合能力除参考相关统计指标外，模型训练的过程同样需要关注。本实验以时空卷积神经网络加权回归方法为例，该模型 8 次训练过程的训练集、交叉验证集、测试集的 AIC 和 RMSE 的变化结果如图 8-3 所示。

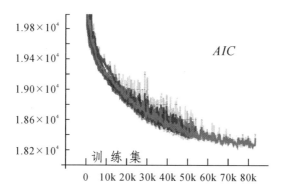

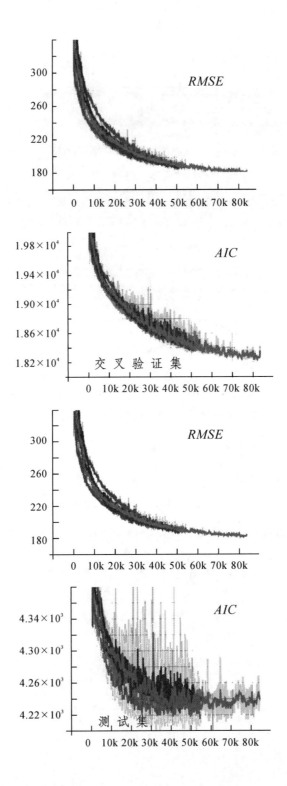

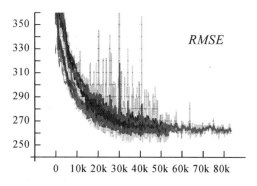

图 8-3 GTCNNWR 模型数据集训练过程对比结果

从时空卷积神经网络加权回归方法的训练集和交叉验证集的 AIC 指标的下降趋势来看，当 epoch=50 000 时，AIC 开始保持平稳下降直至收敛。RMSE 值的下降趋势与 AIC 值相同。这说明时空卷积神经网络加权回归方法训练框架合理，特征学习能力较强，能够在较少的训练次数内完成训练。测试集的 AIC 和 RMSE 指标在训练过程中存在较大波动，这反映了时空卷积神经网络加权回归方法拥有较强的非线性权重解算能力与复杂特征提取能力。

8.3.2 方差分析

在回归研究中，方差分析常用来检验回归模型的非平稳性。为了对比不同模型的拟合能力，本实验对线性回归方法、地理加权回归方法、时空地理加权回归方法、地理神经网络加权回归方法、时空卷积神经网络加权回归方法进行了方差分析统计。

表 8-6 给出了各模型的方差分析结果。残差平方和能够检验回归模型的误差项或残差的方差水平。残差平方和越小，模型对回归结果的解释性越高，相反则越低。对于给定的观测值与预测值进行差的均方计算时，其结果被称为均方误差。自由度是指在数据样本中逻辑上独立的值的最大数量。自由度通常与统计学中各种形式的假设检验有关，例如 F 检验。方差分析中的 F 统计量（也称 F-value），允许对多组数据进行分析，以确定样本之间和样本内部的可变性。F 统计量的

所有可能值的分布就是 F 分布，它是一组分布函数，有两个特征数，分别称为分子自由度和分母自由度。F 统计量用于 F 分布中判断该测试是否具有统计意义。p 值（p-value）是在原假设正确的情况下，获得至少与统计假设检验观察到的结果一样极端的结果的概率。p 值提供了零假设被拒绝时最小的显著性水平。

表 8-6 OLS、GWR、GTWR、GNNWR、GTCNNWR 模型的时空非平稳性检验

模型	RSS	DF	MSE	F-value	p-value
OLS	1 160 824 684.445	8	634 677.246	405.157	0.000
GWR	1 065 792 006.632	1 818.266	582 718.428	28.910	0.000
GTWR	1 042 513 211.296	1 764.180	561 615.173	26.443	0.000
GNNWR	96 388 410.000	1 213.230	350 503.300	12.098	0.000
GTCNNWR	78 346 250.000	1 005.370	204 683.700	7.023	0.000
GTWR/ GWR	23 278 795.34	54.086	21 103.255	—	—
GNNWR/ GWR	969 403 596.6	605.036	232 215.128	—	—
GTCNNWR/ GTWR	987 445 756.6	812.896	378 034.728	—	—
GTCNNWR/ GNNWR	18 042 160	207.86	145 819.6	—	—

从方差分析可以看出，考虑了空间维度的地理加权回归方法相比线性回归方法，RSS 值提升了 9.50×10^7，MSE 指标减少了 5.20×10^4。顾及了时间维度的时空地理加权回归方法相比地理加权回归方法，RSS 指标提升了 2.33×10^7，MSE 值减少了 2.11×10^4。地理神经网络加权回归方法通过引入非线性的地理权重，能够更好地解释复杂社会环境下地理关系，与地理加权回归模型相比，RSS 值减少了 9.69×10^8，MSE 值降低了 2.32×10^5。时空卷积神经网络加权回归方法通过在神经网络中引入卷积和池化操作，能够增强网络的学习能力，加强模型的计算效率，提升模型的拟合优度，其 F 检验值较低且显著性水平低于 0.001。时空卷积神经网络加权回归方法相比时空地理加权回归方法，MSE 指

标提升了 3.57×10^5，RSS 值降低了 9.64×10^8。与地理神经网络加权回归方法相比，时空卷积神经网络加权回归方法的 MSE 指标提升了 1.46×10^5，RSS 值降低了 1.80×10^7。以上结果表明，时空卷积神经网络加权回归方法不仅能很好地顾及时空非平稳性，同时改进了时空核函数的计算方式，突破了复杂地理关系下的时空建模的限制。

8.3.3 回归系数分析

通过上述回归模型的时空非平稳性检验结果，可以从整体上判断各模型的因变量和自变量之间存在显著的时空非平稳性，但还不能判断每个回归参数在时空维度也存在非平稳性。根据 2.3.2 节的验证回归参数非平稳性原理，线性回归方法、地理加权回归方法、时空地理加权回归方法、地理神经网络加权回归方法、时空卷积神经网络加权回归方法的回归参数值统计结果如表 8-7 ~ 表 8-11 所示。

表 8-7　OLS 系数估计统计结果

模型	系数	F-value	p-value
INTERCEPT	289.403	2.639	0.008*
TOILET	22.067	0.809	0.418
DECORATE	95.468	2.930	0.003*
PLOT	25.897	1.169	0.242
GREEN	−772.073	−3.297	0.001*
FEE	47.726	4.458	0.000*
YEAR	7.643	36.147	0.000*
Ahouse	−0.031	7.700	0.000*
LogDsubway	−0.310	−6.134	0.000*
LogDschool	−11.840	−5.336	0.000*

表 8-8　GWR 系数估计统计结果

模型	最小值	下四分位数	中位数	上四分位数	最大值
INTERCEPT	878.451	928.611	930.383	938.214	946.319
TOILET	−172.983	−103.813	−70.143	−48.295	118.493
DECORATE	38.335	40.627	42.201	42.542	56.238
PLOT	−7.958	2.254	6.567	10.509	33.274
GREEN	−76.778	−74.923	−73.367	−72.942	−60.501
FEE	62.962	68.360	72.120	73.999	93.193
Ahouse	844.355	1137.917	1172.096	1231.107	1312.677
LogDsubway	−271.804	−187.322	−176.692	−159.818	−127.245
LogDschool	−140.885	−136.827	−134.520	−133.448	−121.594

表 8-9　GTWR 系数估计统计结果

模型	最小值	下四分位数	中位数	上四分位数	最大值
INTERCEPT	70.601	177.386	189.687	206.909	246.579
TOILET	−156.123	−99.288	−64.293	−39.281	116.496
DECORATE	62.688	69.689	72.953	74.852	100.328
PLOT	−8.557	1.937	7.088	11.288	38.369
GREEN	−925.292	−898.769	−878.955	−872.243	−731.154
FEE	27.414	33.739	36.065	37.685	48.041
Ahouse	6.004	8.266	8.571	9.034	9.767
LogDsubway	−0.058	−0.039	−0.037	−0.034	−0.027
LogDschool	−0.364	−0.347	−0.340	−0.336	−0.303

表 8-10　GNNWR 系数估计统计结果

模型	最小值	下四分位数	中位数	上四分位数	最大值
INTERCEPT	−0.046	−0.007	−0.016	−0.027	0.035
TOILET	−0.018	0.004	−0.002	−0.006	0.010
DECORATE	−0.001	0.005	0.004	0.002	0.009
PLOT	−0.030	−0.001	−0.009	−0.018	0.013
GREEN	−0.014	0.033	0.021	0.007	0.068
FEE	0.113	0.620	0.485	0.299	1.393
Ahouse	0.053	0.012	0.021	0.036	0.051
LogDsubway	−0.144	−0.071	−0.022	−0.015	−0.009
LogDschool	−0.232	−0.140	−0.089	−0.034	−0.002

表 8-11　GTCNNWR 系数估计统计结果

模型	最小值	下四分位数	中位数	上四分位数	最大值
INTERCEPT	0.000	0.000	0.000	0.000	0.001
TOILET	−2.482	−2.273	−1.788	−2.076	2.907
DECORATE	−1.075	−0.992	−0.786	−0.544	−0.226
PLOT	−1.461	−1.257	−1.133	−1.040	−0.490
GREEN	−0.020	0.453	0.504	0.625	0.806
FEE	−2.547	0.513	1.097	1.961	2.335
Ahouse	0.473	0.586	0.794	0.820	2.225
LogDsubway	−0.086	0.187	0.543	0.870	1.009
LogDschool	−0.091	−0.039	0.025	0.093	0.171

　　表 8-7～表 8-11 分别给出了卫生间数量、房屋装修状况、绿化率、容积率、面积、物业费、小区到最近地铁站和学校的距离等回归参数时空非平稳性检验统计量。由表 8-8 可知，卫生间数量、容积率这两个自变量的检验 p 值大于显著性水平（0.05），说明其时空非平稳性不显著，对北京市平均房价的影响具有全局性。截距项、绿化率、装修状况、面积、物业费、小区到最近地铁站和学校的距离等自变量的检验 p 值远低于显著性水平，表明它们在时空关系中具有显著的非平稳性。

　　根据地理加权回归模型和时空地理加权的系数估计结果，房屋面积、装修状况、物业费对房价呈正向作用。而地理神经网络加权回归模型、时空卷积神经网络加权回归模型的装修状况和物业费自变量的回归系数有正有负，包含更丰富的信息，说明了深度学习网络对捕捉复杂非线性关系的能力较强。从最小值和最大值指标来看，地理神经网络加权回归模型和时空卷积神经网络加权回归模型的自变量回归系数值在趋势上较为相近，但时空卷积神经网络加权回归模型的系数往往具有更大的取值范围，在一定程度上证明了该模型较强的非线性拟合能力。

　　为进一步探究时空卷积神经网络加权回归方法各拟合点回归系数

的时空异质性特征，以北京市平均房价数据集进行验证，计算得到研究区域每个空间位置回归点的系数值，并对离散回归点的系数值进行反距离权重法插值，图 8-4 展示了时空卷积神经网络加权回归模型自变量系数栅格插值结果图。

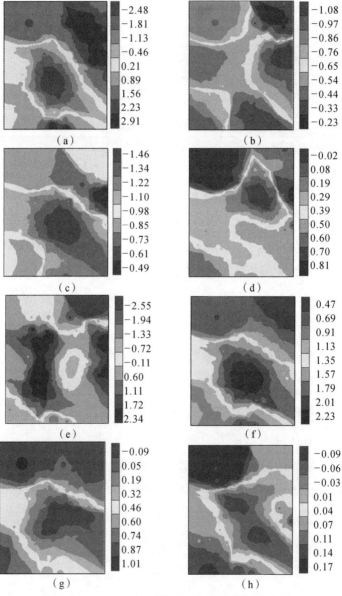

图 8-4　GTCNNWR 模型回归系数空间分布图

由图 8-4 可以看出，房屋面积与北京市中部地区的房价呈现出显著的正相关关系，即面积越大，房价越高，其值呈现出中间高、四周低的形态。房价与房屋到地铁和学校的距离呈现出明显的负相关关系，说明交通越便利，教育资源丰富地区的房价越高。位于该地区的海淀区，是北京市乃至全国重要的教育、科研和经济中心，海淀区拥有重点中学 5 所，教学水平处于全国领先水平。通过上述分析，各相关因子随着空间位置的变化而表现出明显的不同，证实了该地区存在显著的空间非平稳性。

8.3.4 拟合优度分析

本实验对线性回归方法、地理加权回归方法、时空地理加权回归方法、地理神经网络加权回归方法、时空卷积神经网络加权回归方法的拟合结果进行了统计，如表 8-12 所示，包括均方根误差、决定系数（R^2）、AIC 指标。

表 8-12 统计了各模型对训练集、交叉验证集、测试集的拟合能力，其中时空卷积神经网络加权回归方法在各模型中表现最佳，普通线性回归模型在本实验中表现最差。从各指标的分布范围来看，训练集中的时空卷积神经网络加权回归方法拟合优度值取得了 0.951 的最优值，训练集的普通线性回归模型的 R^2 值最低。时空卷积神经网络加权回归模型交叉验证集中的 AIC 值得到明显提升，从普通线性回归模型的 8 726.566 提升至 4 203.823。这反映了时空卷积神经网络加权回归模型因其较强的非线性权重拟合能力而具有较好的回归预测能力。值得注意的是，地理神经网络加权回归方法在交叉验证集和测试集的拟合结果中，R^2 值略低于时空地理加权回归方法，表明未考虑时间因素的地理神经网络加权回归方法未能解决时间异质性问题，因此拟合效果欠佳。时空卷积神经网络加权回归方法比地理神经网络加权回归方法的拟合优度提升了 4.3%，$RMSE$ 降低了 9.8%，验证了该方法在解决时空关系异质性问题的有效性。

表 8-12　各模型训练集拟合能力比较

模型	训练集			交叉验证集			测试集		
	RMSE	AIC	R^2	RMSE	AIC	R^2	RMSE	AIC	R^2
OLS	869.942	49 325.066	0.629	547.086	8 726.566	0.728	326 016.924	7 801.638	0.730
GWR	818.843	40 855.824	0.669	542.446	8 449.458	0.733	311 852.784	8 531.371	0.741
GTWR	805.148	37 940.689	0.680	540.274	7 724.061	0.735	552.155	7 776.330	0.763
GNNWR	362.493	18 729.578	0.935	570.959	4 271.065	0.703	592.033	4 306.084	0.751
GTCNNWR	339.023	18 504.967	0.951	518.796	4 203.823	0.755	533.765	4 233.718	0.785

为了进一步比较各模型拟合能力，分析其拟合值的空间分布情况，本实验对预测值与观测值的对比结果进行了可视化，如图 8-5 所示。

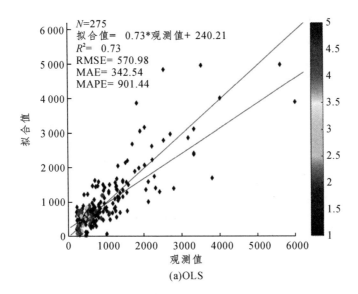

(a)OLS

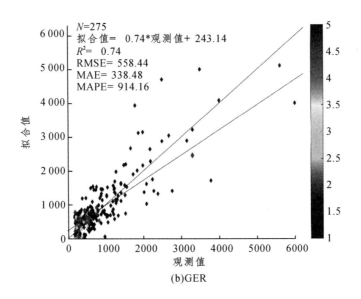

(b)GER

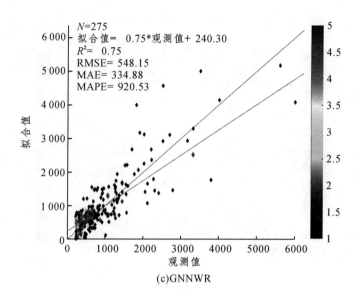

(c)GNNWR

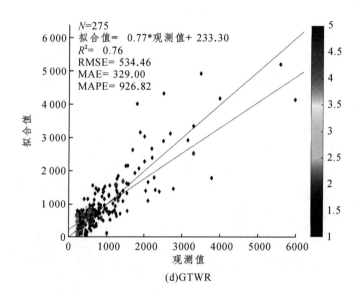

(d)GTWR

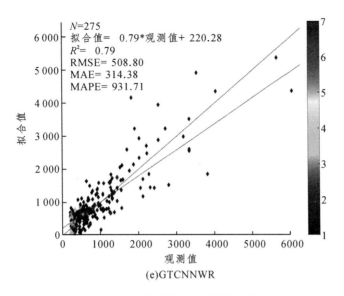

(e)GTCNNWR

图 8-5　各方法拟合效果散点图

在图 8-5 中，图（a）～图（e）分别给出线性回归、地理加权回归、地理神经网络加权回归、时空地理加权回归以及时空卷积神经网络加权回归方法的拟合效果。从整体上看，各方法拟合效果较为接近，均存在低值高估、高值低估的情况。但时空地理加权回归方法相较于地理加权回归方法和地理神经网络加权回归方法，对房价低值的拟合效果较好，在低值附近分布最为密集。当观测值=1 000 时，线性回归方法的拟合点部分较为分散，时空卷积神经网络加权回归方法的最为集中，分布接近 1∶1 线附近，说明时空卷积神经网络加权回归模型具有较强的非线性时空建模能力。

8.4　本章小结

本章以北京市房价的时空异质性问题为切入点，分别利用线性回归方法、地理加权回归方法、时空地理加权回归方法、地理神经网络加权回归方法、时空卷积神经网络加权回归方法等进行了对比实验。实验结果表明，在模型拟合能力方面，时空卷积神经网络加权回归方法波动误差小，拟合能力最优。线性回归模型无法解决时空异质性问题，拟合能力较差。在回归参数预测方面，时空卷积神经网络加权回归与时空地理加权回归方法的结果较为接近，但前者对时空特征的学习能力更强，证实了时空卷积神经网络加权回归模型对于解算复杂时空环境下地理实体间关系的效果较好。

第9章
时空地理加权的半监督回归方法

为了充分利用未标记样本隐含的时空特征，本章提出了半监督时空地理加权回归（semi-supervised geographically and temporally weighted regression，SSGTWR）方法。SSGTWR 的核心思想是利用标记样本建立回归模型来训练未标记样本，再选择置信度高的结果扩充标记样本，重新建立回归模型以提高整体性能。本节采用模拟数据和真实数据进行实验。结果表明，SSGTWR 方法能利用未标记数据提升时空地理加权回归模型的性能，特别是在少量标记样本下显著解决小样本数据的时空非平稳性，可以推广应用到地学领域的分析预测中。

9.1 半监督学习

9.1.1 半监督学习及其算法

半监督学习（semi supervised learning，SSL）的研究起源于 1994 年，Shahshahani B. M.和 Landgrebe D. A.利用未标记的卫星遥感图像进行训练。相比监督学习（Supervised Learning）和无监督学习（Unsupervised Learning），半监督学习过程更符合人类的认知心理学规律。人类的学习过程是基于外界指导和自我学习相结合的过程。在半监督学习中，标记样本（Labeled Sample）可以看作指导信息，而未标记样本（Unlabeled Sample）被看作是通过外界指导而自我学习到的信息，随着半监督学习方法研究的不断推进，半监督学习的主要研究对象，从简单利用未标记数据训练学习器，到对半监督训练数据的流形、图正则化和核分析方法。2003 年、2005 年，机器学习国际会议就标记数据和未标记数据的结合召开国际研讨会。

半监督学习在遥感影像分类领域也有广泛应用。田彦平等提出将主动学习和图的半监督相结合的影像分类方法。首先基于主动学习构造标记样本集，随后利用图的半监督方法进行高光谱影像分类。实验分别以 3 组高光谱影像数据进行验证，取得了很好的影像分类效果[76]。邵远杰等提出了属类概率距离构图的半监督学习算法，用于高光谱遥感影像分类[77]。针对遥感影像存在的非线性、模糊性和标记数据少等问题，刘小芳等提出半监督核模糊均值算法，用于多光谱遥感图像分类，实验结果显示，该算法可以显著提升分类精度[78]。Kun Tan 和 ErZhu Li 将半监督支持向量机和集成学习方法结合起来用于 ROSIS 影像分类。Gustavo Camps 提出了基于图的半监督遥感影像分类方法并用于 AVIRIS 影像分类，实验结果表明，该方法可以最大限度地学习高分影像的光谱特征。Zhang Y.提出了基于半监督流形学习的高分辨率遥感影像分类算法，取得了较好的分类效果[79]。

目前，聚类假设（Cluster Assumption）和流形假设（Manifold Assumption）是半监督学习中常用的基本假设[80]。聚类假设是处在相同聚类中的样本有较大的可能拥有相同的标记信息。根据该假设，决策边界应尽可能处于数据分布较为稀疏的区域，避免把密集聚类的数据点分到决策边界两侧。基于此假设，未标记样本主要是探测样本空间的分布密集和系数区域，从而使得对标记样本学习到的决策边界进行调整，使其分布在样本稀疏的区域。流形假设指处于很小的局部领域内的数据具有相似的性质，其标记信息也相似，此假设反映了决策函数的局部平滑性。聚类假设更强调全局特性，而流形假设主要考虑模型的局部特性。

目前，半监督学习算法主要包括如下三类：

（1）Miller U.等以生成式模型为分类器，将未标记示例属于每个类别的概率视为一组缺失参数，随后利用 EM 算法进行标记估计和模型参数估计。此类算法可以看成是在少量有标记示例周围进行聚类，属于早期直接采用聚类假设的方法[81]。

（2）Blum A.基于图正则化框架提出了半监督学习算法。此方法直接或间接地利用了流形假设，先根据训练样本及相似度度量建立一个图，图中结点对应（有标记或未标记）示例，定义所需优化的目标函数并使用决策函数在图上的光滑性作为正则化项来求取最优模型参数[82]。

（3）协同训练（Co-Training）算法，隐含地利用了聚类假设或流形假设，通过采用两个或多个学习器，在学习过程中，挑选若干置信度高的未标记示例进行相互标记，通过标记使得未标记示例变成已标记示例，从而更新模型，提高模型的健壮性。

9.1.2 半监督回归主要方法

半监督协同训练回归是半监督回归最为常用的方法。协同训练作为半监督学习最为重要的范式，最早由 Blum A.和 T. Mitchell 在 1998 年提出[82]。首先，分别由两个独立冗余视图（如：不同的数据集）建立两个独立有预测能力的回归器。其次，用这两个回归器对未标记样本进行预测。协同训练基于聚类假设或流形假设，使用两个或多个学习器，在学习过程中，这些学习器挑选若干个置信度高的未标记样本进行标记，并把它们加入其他训练器，各个训练器通过加入标记样本迭代式地更新模型，直至完成指定次数的迭代过程[83]。S. Goldman 和 Y. Zhou 提出了一种不需要充分冗余视图的协同训练算法，通过使用不同的决策树算法，在同一个属性集训练出两个不同的分类器。该算法的优势是不再要求充分冗余视图，局限性是引入了对分类器的限制，且 10 倍交叉验证的时间开销很大。2005 年，Zhihua Zhou 和 M. Li 提出了一种既不要求充分冗余视图也不要求使用不同类型分类器的 Tri-training 算法。该算法使用了三个分类器，不仅可以简便处理标记置信度估计和未见示例的预测，还可以利用集成学习（Ensemble Learning）来提高泛化能力。2007 年，M. Li 和 Zhihua Zhou 对 Tri-training 进行了扩展，提出了更好发挥集成学习作用的 Co-Forest 算法。

Goldman 等扩展了协同训练方法。此时，协同训练算法并不要求有两个视图，而是两个不同的学习算法[84]。Zhihua Zhou 等提出用 3 个训练器以预测未标记样本。在训练过程中，其中一个回归器预测的结果取决于另外两个训练器计算得到的置信度[85]。王魏对多视图（多个属性集）不一致的情况，利用未标记数据进行了学习。他首先对多视图在半监督学习中的效用进行了分析，证明了只要学习器具有较大的差异，协同训练就可以有效进行，还揭示出多视图并非协同训练的必要条件；其次对不完备视图在半监督学习中的效用进行了分析，揭示出视图之间预测置信度的差异较大时，协同训练可以克服标记噪声和采样偏差的制约。如图 9-1 所示。

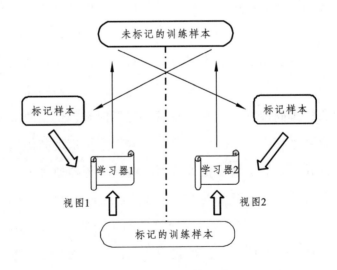

图 9-1　协同训练原理

2013 年，刘颖设计了一种新的半监督集成方案，将分类产生的个体分类器采用加权集成策略进一步提高分类模型的泛化能力。对多光谱遥感影像的土地覆盖进行分类，与相关算法相比，分类精度有了较高提升，克服了传统支持向量机参数选取不准确和小样本的问题。高光谱遥感影像分类是一项艰难的任务，因为对高光谱数据标记样本数据较少，收集标记样本往往困难、昂贵和耗时，而未标记样本的收集则相对简单。因此，Dópido I.等提出将半监督方法用于高光谱影像分类，分类器为多项式逻辑回归和支持向量机[86]。Tan K.等研究了半监督支持向量机的高光谱遥感影像分类方法。其贡献是给出了影像分割获取未标记样本的方法。与监督支持向量机方法相比，半监督方法在分类精度上有了很大提升[87]。

Zhou Z. H.等最早使用协同训练方法进行半监督回归。在回归问题中，由于示例（Instance）的属性是连续的实数值，协同训练算法所使用的标记置信度估计技术难以直接用于回归。因此，他们提出了选择标记置信度最高的未标记示例准则，标记置信度最高的未标记示例是在标记后与学习器的有标记训练集一致的示例。最后的回归预测通过对两个 k 近邻回归模型预测值的平均来完成[85]。2007 年，Zhou Z. H.等又将半监督协同训练回归法（co-training regression，COREG）推广到使用不同距离度量、不同近邻个数以及其他回归模型的情况[88]。2006 年，Brefeld U.等把基于协同训练的半监督回归思想移植到正则化框架下，提出了协同正则化最小二乘算法（co-regularized least squares regression，CORLSR），通过最小化不同视图下回归模型对未标记示例的预测差异来改善各视图的回归模型，取得了较好的效果。

9.1.3 主要方法分析

半监督回归方法能够有效地解决小样本数据的过拟合问题。通过未标记样本辅助训练，提升少量有标记样本的学习性能。本质上，半监督是在大量未标记样本和少量有标记样本的基础上，采用迭代训练的方式，让不同的学习器训练未标记样本，通过吸收训练结果提升学习性能[89]。黎铭将半监督学习方法和 k 近邻回归方法相结合，提出了半监督协同训练回归法。COREG 方法能够充分吸收未标记样本，提高回归预测的能力[90]。

但是，黎铭提出的经典 COREG 方法直接用于空间数据的回归分析，遇到如下两个问题：没有将空间位置和时间特征作为回归预测的影响因素；当前基于半监督学习的回归方法无法解决时空非平稳问题。COREG 仅利用了回归模型的一般属性（自变量和因变量），没有考虑时空数据的特殊属性（时间和空间特征）。因此，无法直接将半监督方法用于时空数据的回归分析问题。为了较好地解决小样本时空数据的过拟合问题，下面将对经典的 COREG 方法进行改进。

9.2 时空地理加权半监督回归主要方法

9.2.1 研究背景

空间分析能很好地反映地理要素的局部空间特征，准确地探索自然地理要素和社会人文要素的空间特征变化趋势，建立因变量和自变量之间的函数关系。时空地理加权回归是一种有效探测时空非平稳特征的空间分析方法。当样本数据量足够丰富，能够覆盖整个研究区域时，利用样本数据构建时空地理加权回归局部模型的健壮性较强，能够满足空间分析的要求。然而，GTWR 模型会遇到训练样本数据量较少，依赖训练样本构建的 GTWR 模型泛化性能较低的问题。

因此，本章结合半监督学习和时空地理加权回归方法，提出了半监督时空地理加权回归方法。构建时空回归器替代半监督学习的一般回归器，给出半监督时空地理加权回归的置信度准则，充分利用半监督学习思想在解决小样本、过拟合方面的优势，揭示地理要素的时间变化和空间分布规律。

半监督时空地理加权回归方法具有重要的现实意义。如高分辨率遥感影像森林碳储量反演的研究中，特定研究区域受到地形、观测条件和仪器设备的限制，无法采集、观测实地样地数据，导致训练样本点数据量较少，且无法均匀覆盖研究区域。此时，受观测样点数据较少且不均匀分布的限制，用地理加权回归局部模型进行反演效果不佳。与此同时，该特定区域的高分辨率遥感影像的光谱、纹理、高程、坡度、坡向等信息相对丰富，如果能够在训练样本数量较小的情况下，充分利用高分辨率遥感影像所蕴含的丰富光学信息，可以显著提升空间模型的反演能力。与之类似，对PM2.5进行环境监测时，受空气质量监测站数量的限制数据较少，一个城市同一时间内，只能获取十几条甚至几条观测数据，获取全部年份、全部站点数据更为困难。这种情况下，受样本数量和位置的限制，建立的时空地理加权局部回归模型健壮性不强，回归预测能力较弱。但多数情况下，便于收集大量的未标记样本，如果能够充分吸收这些未标记样本，利用有标记样本代入函数关系，计算回归系数，建立回归模型，能够更好地分析预测PM2.5的变化情况。

9.2.2 方法原理

基于半监督思想的地理加权回归和时空地理加权回归方法是一种在训练过程中自动利用未标记样本和标记样本进行学习的机器学习范式，需要吸收未标记样本，提高训练器的健壮性和稳定性。其方法原理是：先通过有标记样本建立两个差异化的回归器，然后利用两个回归器训练未标记样本，在每个回归器上选择训练结果最好的未标记样本，加入另一个回归器的有标记样本中，当有标记样本发生变化时，要重新建立回归器，不断重复训练过程，直到达到一定条件为止。它实质上是利用两个回归器的"分歧"训练未标记样本，以提升回归模型的泛化能力。研究发现，当两个回归器存在显著差异时，可以提升学习性能。事实上，SSGTWR 的差异性不仅体现在回归器上，还体现在未标记样本上。未标记样本训练结果的质量也关系到回归器的性能。因此，本节重点阐述未标记样本和置信度方法这两个关键内容。

1）未标记样本

为了提升泛化能力，除保持回归器的差异性外，训练的未标记样本也应保持显著差异。因此，未标记样本的选择应遵循下述命题，以构造不同差异性的回归器。

设 U 为未标记的时空数据样本，记作 $U = \{(x_{11}, x_{12}, \cdots, x_{1p}; u_1, v_1, t_1), \cdots, (x_{n1}, x_{n2}, \cdots, x_{np}; u_n, v_n, t_n)\}$，设 U_1，U_2 分别为回归器 Regressor 1 和 Regressor 2 在某次训练时选择的未标记记录，记作 $U_1 = \{(x_{11}, x_{12}, \cdots, x_{1p}; u_1, v_1, t_1), \cdots, (x_{l1}, x_{l2}, \cdots, x_{lp}; u_l, v_l, t_l)\}$，$U_2 = \{(x_{11}, x_{12}, \cdots, x_{1p}; u_1, v_1, t_1), \cdots, (x_{l1}, x_{l2}, \cdots, x_{lp}; u_l, v_l, t_l)\}$，$U_1 \subset U$，$U_2 \subset U$。那么，对任意 $(x_{i1}, x_{i2}, \cdots, x_{ip}; u_i, v_i, t_i) \in U_1$，则 $(x_{i1}, x_{i2}, \cdots, x_{ip}; u_i, v_i, t_i) \notin U_2$，且对任意 $(x_{i1}, x_{i2}, \cdots, x_{ip}; u_i, v_i, t_i) \in U_2$，则 $(x_{i1}, x_{i2}, \cdots, x_{ip}; u_i, v_i, t_i) \notin U_1$。

U_1 和 U_2 数据量（即 l 值）的设置要考虑未标记样本 U 总量、训练次数和训练时间等因素。如果 l 值太大，不仅会增加每次的训练时间，而且在 U 一定的情况下，训练次数会减少，可能会导致训练不够充分，学习效果不明显。如果 l 值太小，备选的训练数据就很少，可能无法挑出满足条件的训练结果，回归性能无法提升。

2）置信度方法

置信度方法用于从若干未标记训练数据中选择优质的训练结果。它满足预测一致性原则，即具有真实标记的样本应能较一致地体现出回归的内在规律，因此，被回归器以高置信度选择的样本应是使该回归器与有标记样本更一致的样本。本节采用均方误差作为置信度判断的指标，当选择置信度高的未标记数据时可描述为如下命题：如果在未标记样本中存在一条数据，当其加入有标记样本后，使回归器的 *MSE* 变小且减小的幅度最大，那么这条数据即置信度最高的未标记样本。在训练过程中，采用有标记样本来检测回归器训练前后性能的改变情况。设 y_L 为有标记样本的真实值，$\hat{y}_L$ 为有标记样本在原回归器上的预测值，$\hat{y}'_L$ 为有标记样本在新回归器上的预测值，新回归器是指吸收了未标记样本后重新建立的回归器。此时，置信度可记作

$$\xi_u = \sum_{x_L}(y_L - \hat{y}_L)^2 - (y_L - \hat{y}'_L)^2 \tag{9.1}$$

那么，当存在 $\xi_u > 0$ 时，令

$$S = \arg\max(\xi_u) \tag{9.2}$$

其中，S 为置信度最高的未标记样本。这里，置信度大于零说明存在未标记样本使回归器性能提升，置信度最大说明性能提升幅度最大，即选中的数据是参与训练的未标记样本中置信度最高的数据。

9.2.3 算法流程

SSGTWR 的算法过程（见图 9-2、表 9-1）可概括为：首先，利用不同核函数和有标记样本建立两个时空地理加权回归器。再次，从未标记样本池中选择两份未标记数据，分别在两个回归器上进行回归训练。再利用置信度方法选择最优的未标记数据，加入另一个回归器的有标记样本中，重新建立回归器模型。重复训练过程直到循环结束为止，最终模型的预测结果为两个回归器结果的平均数。

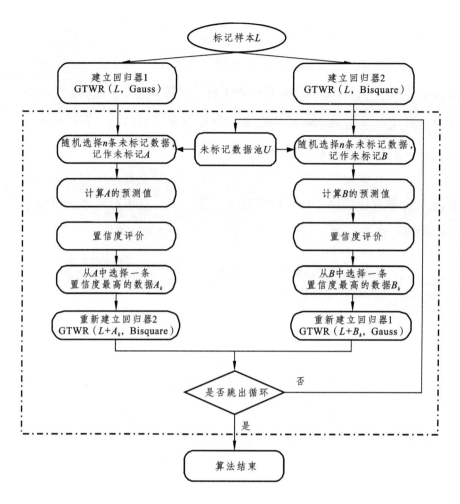

图 9-2　SSGTWR 流程

表 9-1　SSGTWR 算法

算法描述：半监督时空地理加权回归

输入：标记样本 $L = \{(y_1; x_{11}, x_{12}, \cdots x_{1p}; u_1, v_1, t_1), \cdots, (y_n; x_{n1}, x_{n2}, \cdots x_{np}; u_n, v_n, t_n)\}$ ，未标记样本 $U = \{(x_{11}, x_{12}, \cdots, x_{1p}; u_1, v_1, t_1), \cdots, (x_{n1}, x_{n2}, \cdots, x_{np}; u_n, v_n, t_n)\}$ ，未标记样本池 pool 的样本个数 M 和最大迭代次数 N 。

输出：增强的回归器 Regressor1* 、增强的回归器 Regressor2* 。

算法步骤：

步骤 1：初始化。根据少量标记样本 L 和大量未标记样本 U ，分别构建回归器 Regressor 1 和 Regressor 2 、未标记池 pool ，并设置未标记样本池的样本个数 M 和最大迭代次数 N 。

算法描述：半监督时空地理加权回归

（1）回归器构建：根据标记样本 L，以 Gauss 和 Bisquare 为核函数形式，分别选取最优空间带宽 B 和时空因子 τ，建立时空地理加权自回归器 Regressor 1 和 Regressor 2。

（2）未标记池构建：设置未标记样本池的样本个数 $M=50$，从未标记样本 U 随机选取 M 条记录，构建未标记池 M。

（3）参数设置：设置最大迭代次数 $N=50$。

步骤 2：重构回归器。对每一轮迭代 $i(i=1,2,\cdots,n)$，选取使回归器置信度提升的未标记样本记录加入另一个回归器，以保持不同回归器的差异并重建为标记样本。

（1）回归器 1 吸收未标记样本：对回归器 Regressor 1，从未标记样本池 pool 随机选取一条未标记数据样本。根据置信度准则，判断此条未标记样本是否提升了回归器 Regressor 1 的拟合效果。如果拟合性能提升，则将该未标记样本加入回归器 Regressor 2，重新计算空间带宽 B^* 和时空因子 τ^*，得到增强的回归器 Regressor 2*。

（2）回归器 2 吸收未标记样本：对回归器 Regressor 2，从未标记样本池 pool 随机选取一条未标记样本。根据置信度准则，判断此条未标记样本是否提升了回归器 Regressor 2 的拟合效果。如果拟合性能提升，则将该未标记样本加入回归器 Regressor 1*。

（3）重建未标记池：当未标记池中有样本记录被吸收后，从未标记池中删除已吸收的未标记记录，且从未标记样本中随机选取一条样本加入未标记池，保持未标记样本个数 $M=50$。

（4）判定迭代条件：如果回归器 Regressor 1 和回归器 Regressor 1 均没有吸收该未标记样本，则跳出循环。

步骤 3：训练结束。对待预测数据，用增强的回归器 Regressor 1* 和回归器 Regressor 2* 取平均，作为最终回归预测结果

9.3 方法验证与应用

本章基于 MATLAB 实现了 SSGTWR 方法。设置最大迭代次数为 50 次，每次训练的未标记数据量为 50。实验以 MSE 作为性能对比指标，性能提升比率是训练前后的 MSE 之差与训练前 MSE 的比值。下面对 GTWR、GWR、COREG 方法进行对比分析。

9.3.1 模拟数据实验

1）实验数据设计

参考黎铭 COREG 的模拟数据实验，在边长为单位长度的空间范围（横坐标 u、纵坐标 v 的范围均为[0,20]），均匀选取 1 000 个模拟数据。其公式如表 9-2 中模拟数据 1 和 2 所示。其中，x 表示自变量，u、v 表示位置向量，y 表示因变量，U 表示服从均匀分布。随后增加时间信息，构造边长为单位值的时空三维地理范围（横坐标 u、纵坐标 v 和时间 t 的范围均为[0,20]），均匀选取 1 000 个模拟数据。其公式如表 9-2 中模拟数据 3 和 4 所示。为了模拟真实性，数据中增加高斯白噪声 ε。

过拟合是模型试图揭示数据反映的真实规律时，却混杂了干扰信息。作为机器学习的常见问题，过拟合是指模型在学习样本数据的特征过程中，吸收了过多的局部特征或者过多的噪声带来的错误特征，造成模型的"泛化性"和正确率几乎达到最低点，预测能力降低。因此，用该模型对新的样本进行预测，结果不理想。解决过拟合的基本思路是限制模型的学习，降低模型学习到局部特征和错误特征的概率，使得识别正确率得到优化。因此，要防止过拟合，样本数据的选取非常关键，良好的训练数据本身的局部特征应尽可能少，噪声也尽可能小。最简单有效的方法是在训练样本数据外再为模型提供一套验证样本数据。

为了避免出现过拟合的情况，参考黎铭 COREG 的实验配置，每套数据按照 70%、30%的比例分为实验数据和测试数据。实验数据按不同比例分为有标记样本和未标记样本，每个实验都采用 10%：90%、30%：70%、50%：50%三种比例配置标记和未标记样本，每组实验重复 10 次。

表 9-2　模拟数据情况说明

编号	公式	取值范围	数量
1	$y = (u+v) + 3\ln\dfrac{1+u}{5}x + \varepsilon$	$x \sim U(0,1), u,v \sim U(0,20)$	1 000
2	$y = 6 + ux_1 + vx_2 + \varepsilon$	$x_1, x_2 \sim U(0,1), u,v \sim U(0,20)$	1 000
3	$y = (u+v+t) + 3\ln\dfrac{1+u+t}{5}x + \varepsilon$	$x \sim U(0,1)$ $u,v,t \sim U(0,20)$	1 000
4	$y = 6 + \ln(u+t)x_1 + \ln(v+t)x_2 + \varepsilon$	$x_1, x_2 \sim U(0,1), u,v,t \sim U(0,20)$	1 000

2）实验结果分析

表 9-3 记录了不考虑时间信息不同回归器某一次实验的结果。首先，对比 SSGWR 与 GWR 在同种配置下的 MSE，除模拟数据 1 在 50%标记数据下 GWR 略优于 SSGWR 外，其余配置参数下 SSGWR 的 MSE 均小于 GWR，说明半监督学习可以有效地利用未标记样本提升回归模型的整体性能。其次，对比 SSLGWR 与 COREG，在 10%的有标记样本下 COREG 方法性能最优，在 30%和 50%的有标记样本下 COREG 性能最差。说明当有标记样本增加时，空间非平稳特征成为影响回归性能的主导因素，由于 COREG 无法探测空间非平稳特征，回归精度最差。最后，对比 SSGWR 在不同配置参数下的 MSE，发现 10%标记样本下的 MSE 最大，50%标记样本下的 MSE 最小，30%标记样本下的 MSE 与 50%标记样本下的 MSE 相差不大，说明有标记样本数据量对回归模型性能影响很大，当训练数据达到一定数量时，回归模型的性能趋于稳定。

表 9-3　SSGWR 在不同配置参数下的 MSE

标记样本比率	模拟数据 1			模拟数据 2		
	GWR	COREG	SSGWR	GWR	COREG	SSGWR
10%	13.32	2.75	10.83	10.44	3.21	9.68
30%	1.97	2.50	1.91	1.64	2.99	1.61
50%	1.39	2.12	1.39	1.41	3.01	1.36

表 9-4 记录了考虑时间信息不同模型某一次实验的结果。首先，对比 SSGTWR 与 GTWR 在同种配置下的 MSE，SSGTWR 的 MSE 均小于 GWR，说明半监督学习可以有效地利用未标记样本提升回归模型的整体性能。其次，SSGTWR 性能优于 SSGWR，说明当有标记样本增加时，时间非平稳特征直接影响回归的性能。最后，对比 SSGTWR 在不同配置参数下的 MSE，发现 10%标记样本下的 MSE 最大，50%标记样本下的 MSE 最小，30%标记样本下的 MSE 与 50%标记样本下的 MSE 相差不大，尤其对于模拟数据 1、模拟数据 2，30%标记样本下的 MSE 与 50%标记样本下的 MSE 相差很小，但与 10%标记样本下的相差很大，说明样本标记率对回归模型性能影响很大，当训练数据达到一定数量时，回归模型的性能趋于稳定。

表 9-4　SSGTWR 在不同配置参数下的 MSE

标记样本比率	模拟数据 3			模拟数据 4		
	GTWR	SSGWR	SSGTWR	GTWR	SSGWR	SSGTWR
10%	17.52	3.31	3.19	13.83	3.21	12.57
30%	2.33	2.32	2.25	2.70	2.67	2.58
50%	2.15	2.10	2.07	2.46	2.58	2.43

表 9-5 记录了不同模型 10 次实验性能提升比率的平均值。除了模拟数据 1 在 50%标记样本下的性能没有提升，其他性能均有提升，大部分数据提升效果显著。说明 SSGWR 在半监督学习辅助下，显著地提升了少量有标记样本的回归性能，且在少量标记样本下作用显著。随着标记率增加，SSGTWR 性能提升比率呈减小趋势。这是因为随着有标记样本量的增加，回归模型逐渐趋于稳定，性能提升的空间变小。

表 9-5　SSGTWR 各组试验性能提升比率（%）

标记率	模拟数据 1	模拟数据 2	模拟数据 3	模拟数据 4
10%	18.7	7.3	34.6	41.5
30%	5.1	2.5	23.7	18.1
50%	-0.1	4.1	8.2	11.3

9.3.2 方法应用

以北京市住宅销售价格为例，每套数据按照 70%、30% 的比例分为实验数据和测试数据。实验数据按不同比例分为有标记样本和未标记样本，每个实验都采用 10%∶90%、30%∶70%、50%∶50% 三种比例配置，每组实验重复 10 次。对 10 次实验结果平均值的分析从两个方面展开。与未考虑时间信息的 SSGWR 模型比较，不同标记率对性能提升的影响。

与未考虑时间信息的 SSGWR 模型相比，标记率在 10%、20%、30% 时，Fotheringham 和 Huang B. 指出，AIC 值相差大于 3，则模型精度有了显著提升[22,27]。SSGTWR 不仅将空间、时间信息作为模型的影响因素以提高模型的拟合能力，而且考虑了回归系数的时空非平稳性。

不同标记率对 SSGTWR 的性能提升并不相同。当标记率为 10% ~ 30% 时，随着迭代次数增加，空间带宽增加较为明显，拟合优度提升也迅速较高，当标记率为 40%、50% 时，空间带宽和提升并不明显。当标记率较低时，标记样本较少，无法覆盖整个研究区域，回归器的稳定性和健壮性较差。随着标记样本数量增加，研究区域覆盖的样本密度也随之提升已标记样本空间范围增大，空间带宽也随之增大，模型的健壮性增强。此时，难以吸收未标记样本提升模型精度。

表 9-6   SSGTWR 真实试验性能提升值

统计指标	标记率				
	10%	20%	30%	40%	50%
RSS	5.479	5.418	5.512	−0.079	−0.583
MSE	0.003	0.003	0.003	0.000	0.000
AIC	37.894	46.771	55.627	−7.820	−14.336

9.4   本章小结

本章提出了一种半监督时空地理加权回归方法，它能充分利用未标记样本，在有标记样本数据量小的情况下，能显著提升回归性能和解决小样本数据的时空非平稳性。同时，利用时空地理加权回归方法作为回归器，能有效地分析回归模型中的时空非平稳因素，从而让半监督回归方法适用于空间回归分析。本章通过模拟数据和真实数据对SSGTWR进行测试，模拟数据性能提升比率明显，且证实训练过程相对稳定，真实数据性能有所提升。实验结果表明，在少量有标记样本回归分析中，SSGTWR 能有效地利用未标记样本提升回归模型的泛化能力。但是，SSGTWR 方法也存在一定的不足。在训练过程中，由于训练未标记样本和检验未标记样本都是利用有标记样本进行的，尽管本章采用了置信度方法筛选未标记样本，尽量控制过拟合问题，但仍然不可避免，未来可进一步解决。

第 10 章
结论与展望

10.1 结　论

随着对地观测系统、移动互联、基于位置的服务技术不断发展，大量时空数据产生。这些数据中隐藏着丰富的知识，为人们进一步定量理解社会经济环境提供了一种新的手段。时空数据挖掘能够提升时空数据的分析能力，挖掘出深层次的时空规则和知识，以便更好地理解地理现象的时空演变规律。时空数据存在着很强的时空非平稳性。当前的时空数据挖掘方法，往往重视对空间非平稳性的研究，忽视对时空非平稳性的研究。本书针对时空视角下的地理加权回归方法，提出加权条件指标-方差分解比方法对 GTWR 模型的多重共线性进行诊断和时空非平稳性检验方法，时空地理加权自回归的两阶段最小二乘估计方法，半监督时空地理加权回归方法，对相关基础理论、特征变量选取、顾及全局平稳特征的时空地理加权回归、局部多项式时空地理加权回归进行基础研究，主要工作内容如下。

1）提出加权条件指标方差分解比方法用于诊断时空地理加权多重共线性

针对全局多重共线性诊断方法会漏判局部模型的多重共线性，提出了加权条件指标方差分解比方法，解决了全局多重共线性诊断方法无法有效诊断时空地理加权模型的问题，实现了时空地理加权回归模型有无多重共线性、多重共线性数量和所在数列的诊断。

2）提出了面向时空地理加权回归的特征变量选取方法

针对多元线性回归的特征变量选取方法的判定标准没有考虑时空非平稳特征，无法直接应用到时空地理加权回归中的问题，本书基于贪心算法和逐步回归原理，采用 AIC 指标作为判定标准，提出了基于贪心算法和逐步回归的特征变量选取方法（前者根据搜索方向不同分为向前引入法和向后剔除法），解决了时空地理加权回归建模问题。实验表明，三种方法建立模型的拟合优度在 0.68 以上，其中，基于逐步回归特征变量选取方法建立的模型拟合优度达 0.815 3，表明三种方法均可选择特征变量建立可信度较高的模型。

3）提出了顾及全局平稳特征的时空地理加权回归方法

针对全局平稳和局部时空非平稳特征变量同时存在的问题，提出了顾及全局平稳特征的时空地理加权回归方法，并给出了基于加权最小二乘的两步估计方法，用于估算全局常系数和局部时空变系数。模拟实验结果表明，在全局平稳特征存在的情况下，MGTWR 方法回归系数估计效果能与真值保持一致，方法的适用性优于 MGWR 和 GTWR 模型。在真实数据实验中，MGTWR 模型均方误差比 MGWR、GTWR 模型分别提升了 27.87%、11.41%，验证了在全局平稳特征和时空非平稳特征同时存在情况下，MGTWR 模型的适应性、回归系数和模型拟合效果最好。

4）发展了时空非平稳性检验和时空地理加权自回归模型的两阶段最小二乘估计方法

将空间非平稳性检验扩展到时空非平稳性检验，构建了顾及时空非平稳性和自相关性的时空地理加权自相关模型，针对经典的最小二乘方法无法直接用于时空地理加权自相关模型估计的问题，发展了两阶段最小二乘估计方法。以北京市房屋住宅销售价格为例，将提出的方法与多种空间回归方法进行比较。结果表明，提出方法在残差平方和、均方、拟合优度、AIC 等指标方面均有相当提升，验证提出的方法有更优的拟合效果。

5）发展了局部多项式时空地理加权回归方法

针对时空地理加权回归方法的加权最小二乘估计无法消除异方差的问题，提出了局部多项式时空地理加权回归方法，并基于三元一阶泰勒级数展开公式，提出了基于泰勒级数的加权最小二乘估计方法，进而对回归系数和模型进行估计。实验结果显示，模拟数据中 LPGTWR 方法的 MSE 比 GTWR 方法提升了 14.06%以上，真实数据中 LPGTWR 方法的 MSE 提升了 28.50%以上，证明 LPGTWR 方法能有效地提升模型拟合精度。此外，实验发现，LPGTWR 方法适用性最好，特别是在分析复杂数据时，能获得理想的估计效果。

6）提出了时空卷积神经网络加权回归方法

通过卷积计算将局部连接代替全连接，将非线性权重求解问题转化为深度卷积神经网络解算，从而优化网络学习方式，提升网络对特征的学习能力，降低网络计算的复杂度，提升了模型的拟合优度。实验结果表明，在模型拟合能力方面，时空卷积神经网络加权回归方法波动误差小，拟合能力最优。在回归参数预测方面，时空卷积神经网络加权回归与时空地理加权回归方法的结果较为接近，但前者对时空特征的学习能力更强，证实了卷积神经网络加权回归模型对于解算复杂时空环境下地理实体间关系的效果较好。

7）提出了半监督时空地理加权回归方法

针对经典的半监督回归没有考虑空间数据的时间、空间特征，提出了以不同时空地理加权回归模型为差异性回归器，重构置信度准则，通过标记样本建立回归模型来吸收未标记样本，利用半监督学习处理小样本数据的优势，充分挖掘出未标记样本的隐藏知识。与经典的半监督回归方法相比，半监督时空地理加权回归方法性能有很大提升，具有较高的空间回归预测精度。

10.2 展　望

本书对时空地理加权回归相关方法进行了深入探讨和研究，取得了一定的成果，当然也存在一些不足，后续工作将在深入分析时空非平稳性的特征，并结合其他领域成熟方法做进一步深入研究方面展开，主要包括以下方面。

1）时空地理加权模型方面

本书虽然对时空地理加权自回归模型的估计方法进行了深入研究，但是缺少对时空混合地理加权、时空地理加权克里金插值模型等方面的理论研究。同时，在进一步的研究中，将比较不同样本容量条件下VIF 和 WCIVDP 的参数估计结果对比。在今后的工作中，还需要重点研究和比较不同模型与方法的差异。

时空地理加权回归时空距离研究：在时空地理加权回归分析建模过程中，时空距离是决定观测点之间影响程度的重要因素。本书采用了 Huang 等提出的时空距离计算方法，它本质上是欧式距离的扩展。众所周知，数学中距离计算方法还有曼哈顿距离、切比雪夫距离、马氏距离等其他定义，不同的距离计算方法是否对模型分析结果有影响，还需要进一步研究。

时空地理加权回归分析的稳健性研究回归建模分析现实问题时，会面临数据不理想、存在粗差等问题。本书提出的分析方法均在理想条件下，即残差服从正态分布，而这并不符合实际情况，会导致估算结果精度不高。如何增强方法的健壮性，消除异常数据的影响，是需要进一步解决的问题。

2）时空分布对半监督时空地理加权回归效果方面

标记率较少时，标记样本点位分布并不均匀。本书的研究主要通过重构空间回归器提高模型的拟合性能，没有深入考虑点位不均匀分布对回归拟合的影响。下一步继续研究样本点不足、不均匀条件下时空点位分布对回归拟合产生的影响。

3）半监督时空地理加权回归的效率提升方面

半监督时空地理加权回归在每轮吸收未标记样本过程中，均需要重新选取空间带宽和时空因子，耗时较长，如何搭建并行环境，提高运行效率，需要进一步深入研究。

4）时空地理加权回归模型在地学领域应用方面

本书主要以住宅特征价格数据为例进行时空地理加权相关模型的应用研究，如何在更多的地学领域进一步拓展，如在空气质量监测和森林生物量反演的研究中，如何克服因样地点采集困难导致的样地点数量不足的难题，充分发挥半监督方法的小样本过拟合的优势，也是后续工作的重要内容。

参考文献

[1] FARBER S, YEATES M. A comparison of localized regression models in a hedonic house price context [J]. Canadian Journal of Regional Science, 2006(29): 405-420.

[2] Antonio Páez, Takashi Uchida, Kazuaki Miyamoto. A general framework for estimation and inference of geographically weighted regression models: Location-specific kernel bandwidths and a test for locational heterogeneity [J]. Environment and Planning A, 2002, 34(4): 733-754.

[3] LU B, CHARLTON M, BRUNSDON C, et al. The Minkowski approach for choosing the distance metric in geographically weighted regression [J]. International Journal of Geographical Information Science, 2015, 30(2): 1-18.

[4] SONG W, JIA H, HUANG J, et al. A satellite-based geographically weighted regression model for regional PM2.5 estimation over the Pearl River Delta region in China [J]. Remote Sensing of Environment, 2014(154): 1-7.

[5] WINDLE M, ROSE G A, DEVILLERS R, et al. Exploring spatial non-stationarity of fisheries survey data using geographically weighted regression (GWR): an example from the Northwest Atlantic [J]. Ices Journal of Marine Science, 2010, 67(1): 145-154.

[6] WHEELER D C, WALLER L A. Comparing spatially varying coefficient models: a case study examining violent crime rates and their relationships to alcohol outlets and illegal drug arrests [J]. Journal of Geographical Systems, 2009, 11(1): 1-22.

[7] WANG N, MEI C L,YAN X D. Local linear estimation of spatially varying coefficient models: an improvement on the geographically weighted regression technique [J]. Environment and Planning A, 2008, 40(4): 986-1005.

[8] CHO S H, LAMBERT D M, CHEN Z. Geographically weighted regression bandwidth selection and spatial autocorrelation: an empirical example using Chinese agriculture data [J]. Applied Economics Letters, 2010, 17(8): 767-772.

[9] ZHANG H, MEI C. Local least absolute deviation estimation of spatially varying coefficient models: robust geographically weighted regression approaches [J]. International Journal of Geographical Information Science, 2011, 25(9): 1467-1489.

[10] ROBERT G, CROMLEY D M, HANINK. Visualizing robust geographically weighted parameter estimates [J]. Cartography and Geographic Information Science, 2013, 41(1): 100-110.

[11] PROPASTIN P. Modifying geographically weighted regression for estimating aboveground biomass in tropical rainforests by multispectral remote sensing data[J]. International Journal of Applied Earth Observation and Geoinformation, 2012, 18: 82-90.

[12] YU X, WANG Y, NIU R, et al. A combination of geographically weighted regression, particle swarm optimization and support vector machine for landslide susceptibility mapping: a case study at wanzhou in the three gorges area, China [J]. International Journal of Environmental Research and Public Health, 2016, 13(5).

[13] 高丽群. 时空地理加权回归模型的统计诊断[J]. 哈尔滨师范大学自然科学学报, 2015, 31 (6): 50-52.

[14] CHU H J, HUANG B, LIN C Y. Modeling the spatio-temporal heterogeneity in the PM10-PM2.5 relationship [J]. Atmospheric Environment, 2015(102): 176-182.

[15] WRENN D H, SAM A G. Geographically and temporally weighted likelihood regression: Exploring the spatiotemporal determinants of land use change [J]. Regional Science and Urban Economics, 2014, 44(1): 60-74.

[16] FOTHERINGHAM A S, CRESPO R, YAO J. Geographical and Temporal Weighted Regression (GTWR) [J]. Geographical Analysis, 2015, 47(4): 431-452.

[17] BAI Y, WU L, QIN K, et al. A geographically and temporally weighted regression model for ground-level PM2.5 estimation from satellite-derived 500 m resolution AOD [J]. Remote Sensing, 2016, 8(3).

[18] XUAN H, LI S, AMIN M. Statistical inference of geographically and temporally weighted regression model[J]. Pakistan Journal of Statistics, 2015, 31(3): 307-325.

[19] 樊子德，龚健雅，刘博，等. 顾及时空异质性的缺失数据时空插值方法[J]. 测绘学报，2015，45（4）：458-465.

[20] 谢宇. 回归分析[M]. 北京：社会科学文献出版社，2013.

[21] 何晓群. 应用回归分析[M]. 北京：中国人民大学出版社，2001.

[22] FORTHERINGHAM A S, BRUNSDON C, CHARLTON M. Geographically Weighted Regression: the analysis of spatially varying relationships [M]. New Jersey: John Wiley & Sons, 2002.

[23] 覃文忠，王建梅，刘妙龙. 混合地理加权回归模型算法研究[J]. 武汉大学学报（信息科学版），2007，32（2）：115-119.

[24] FORTHERINGHAM A S, MARTIN CHARLTON, CHRIS BRUNSDON. The geography of parameter space: an investigation of spatial non-stationarity [J]. Geographical Information Systems, 1996, 10(5): 605-627.

[25] 覃文忠. 地理加权回归基本理论与应用研究[D]. 上海：同济大学, 2007.

[26] LEUNG Y, MEI C, ZHANG W. Statistical tests for spatial nonstationarity based on the geographically weighted regression model[J]. Environment and Planning A, 2000(32): 9-32.

[27] HUANG B, WU B, BARRY M. Geographically and temporally weighted regression for modeling spatio-temporal variation in house prices[J]. International Journal of Geographical Information Science, 2010, 24: 383-401.

[28] 陈希孺. 近代回归分析：原理方法及应用[M]. 合肥：安徽教育出版社, 1987.

[29] WHEELER D C. Diagnostic tools and a remedial method for collinearity in geographically weighted regression[J]. Environment and Planning A, 2007, 39 (10): 2464-2481.

[30] 陈彦光. 基于 Matlab 的地理数据分析[M]. 北京:高等教育出版社, 2012.

[31] 归庆明, 姚绍文, 顾勇为, 等. 诊断复共线性的条件指标-方差分解比法[J]. 测绘学报, 2006, 35（3）: 210-214.

[32] 覃文忠, 王建梅, 刘妙龙. 地理加权回归分析空间数据的空间非平稳性[J]. 辽宁师范大学学报：自然科学版, 2005, 28（4）: 476-479.

[33] 罗罡辉. 基于 GWR 模型的城市住宅地价空间结构研究[D]. 杭州：浙江大学. 2007.

[34] 郭贯成，熊强，汪勋杰. 土地供应政策对房价影响的 GWR 模型分析[J]. 南京农业大学学报：社会科学版，2014，14（5）：91-96.

[35] 王旭育. 基于 Hedonic 模型的上海住宅特征价格研究[D]. 上海：同济大学. 2006.

[36] SELIM S. Determinants of house prices in Turkey: A hedonic regression model [J]. Dogus University, 2011(9): 65-76.

[37] HUANG C, TOWNSHEND J. A stepwise regression tree for nonlinear approximation applications to estimating subpixel land cover [J]. International Journal of Remote Sensing, 2003, 24(1): 75-90.

[38] HURVICH C M, SIMONOFF J S, TSAI C. Smoothing parameter selection in nonparametric regression using an improved Akaike information criterion[J]. Journal of the Royal Statistical Society Series B-Statistical Methodology, 1998: 271-293.

[39] LU B, CHARLTON M, HARRIS P. Geographically weighted regression using a non-euclidean distance metric with simulation data[J]. Procedia Environmental Sciences, 2011(7): 92-97.

[40] ZHANG S, GAO X, WANG N, et al. Face sketch synthesis via sparse representation-based greedy search[J]. IEEE Transactions on Image Processing, 2015, 24(8): 2466-2477.

[41] AKHTAR N, SHAFAIT F, MIAN A. Futuristic greedy approach to sparse unmixing of hyperspectral data[J]. IEEE Transactions on Geoscience and Remote Sensing, 2015, 53(4): 2157-2174.

[42] BAKILLAH M, LI R, LIANG S. Geo-located community detection in Twitter with enhanced fast-greedy optimization of modularity: the case study of typhoon Haiyan[J]. International Journal of Geographical Information Science, 2015, 29(2): 258-279.

[43] JOHNSON R, ZHANG T. Learning nonlinear functions using regularized greedy forest[J]. IEEE Transactions on Pattern Analysis and Machine Intelligence, 2014, 36(5): 942-954.

[44] KULKARNI O, ZHANG H. An optimal greedy routing algorithm for triangulated polygons[J]. Computational Geometry, 2013, 46(6): 640-647.

[45] 黄砚玲. 地理加权空间经济计量模型的 GMM 估计及区域金融发展收敛性实证研究[D]. 广州：华南理工大学，2012.

[46] CHAN K, LOH W. LOTUS: an algorithm for building accurate and comprehensible logistic regression trees[J]. Journal of Computational and Graphical Statistics, 2016, 13(4): 826-852.

[47] BEAULIEU C, GHARBI S, CHARRON C, et al. Improved model of deep-draft ship squat in shallow waterways using stepwise regression trees[J]. Journal of Waterway Port Coastal and Ocean Engineering-Asce, 2012, 138(2): 115-121.

[48] BREIMAN L. Classification and regression trees[J]. Wiley Interdisciplinary Reviews-Data Mining and Knowledge Discovery, 2011, 1(1): 14-23.

[49] TRAN V, YANG B. Data-driven approach to machine condition prognosis using least square regression tree[J]. Journal of Mechanical Science and Technology, 2009, 23(5): 1468-1475.

[50] XIE Y, WANG Y, ZHANG K, et al. Daily estimation of ground-Level PM2.5 concentrations over Beijing using 3 km resolution MODIS AOD[J]. Environmental Science and Technology, 2015, 49(20): 12280-12288.

[51] ADAM E M, MUTANGA O, ISMAIL R. Determining the susceptibility of eucalyptus nitens forests to coryphodema tristis cossid

moth occurrence in Mpumalanga, South Africa[J]. International Journal of Geographical Information Science, 2013, 27(10): 1924- 1938.

[52] 马宗伟. 基于卫星遥感的我国 PM2.5 时空分布研究[D]. 南京: 南京大学, 2015.

[53] LI R, GONG J H, CHEN L F, et al. Estimating ground-level PM2.5 using fine resolution satellite data in the megacity of Beijing China[J]. Aerosol and Air Quality Research, 2015(15): 1347-1356.

[54] KLOOG I, KOUTRAKIS P, COULL B A, et al. Assessing temporally and spatially resolved PM2.5 exposures for epidemiological studies using satellite aerosol optical depth measurements[J]. Atmospheric Environment. 2011(45): 6267-6275.

[55] BELOCONI A, KAMARIANAKIS Y, CHRYSOULAKIS N. Estimating urban PM10 and PM2.5 concentrations, based on synergistic MERIS/AATSR aerosol observations, land cover and morphology data[J]. Remote Sensing of Environment, 2016(172): 148-164.

[56] KESTENS Y, THERIAULT M, DES ROSIERS F. Heterogeneity in hedonic modelling of house prices: looking at buyers' household profiles[J]. Journal of Geographical Systems, 2006, 8: 61-96.

[57] PAEZ A, LONG F, FARBER S. Moving window approaches for hedonic price estimation: an empirical comparison of modelling techniques[J]. Urban Studies, 2008(45): 1565-1581.

[58] PETERSON S P, FLANAGAN A B. Neural network hedonic pricing models in mass real estate appraisal[J]. Journal of Real Estate Research, 2009.

[59] KUSAN H, AYTEKIN O, OZDEMIR I. The use of fuzzy logic in predicting house selling price[J]. Expert Systems with Applications, 2010(37): 1808-1813.

[60] SELIM H. Determinants of house prices in Turkey: a hedonic regression model[J]. Dogus University Journal, 2008, 9(1):65-76.

[61] HELBICH M, BRUNAUER W, VAZ E, et al. Spatial heterogeneity in hedonic house price models: The case of Austria[J]. Urban Studies, 2013(51): 390-411.

[62] YU D. Understanding regional development mechanisms in greater Beijing area, China, 1995-2001, from aspatial-temporal perspective [J]. Geo. Journal, 2014 (79): 195-207.

[63] GUAN J, LEVITAN A S, ZURADA J. An adaptive neuro-fuzzy inference system based approach to real estate property assessment [J]. Journal of Real Estate Research, 2008, 30(4): 396-421.

[64] SELIM H. Determinants of house prices in Turkey: hedonic regression versus artificial neural network[J]. Expert Systems with Applications, 2009, 36(2): 2843-2852.

[65] MCMILLEN D P, REDFEARN C L. Estimation and hypothesis testing for nonparametric hedonic house price functions[J]. Journal of Regional Science, 2010, 50(3): 712-733.

[66] HELBICH M, BRUNAUER W, VAZ E, et al. Spatial heterogeneity in hedonic house price models: the case of Austria[J]. Urban Studies, 2013(171): 1-21.

[67] BRUNSDON C, FOTHERINGHAM A S, CHARLTON M E. Geographically weighted regression: a method for exploring spatial nonstationarity[J]. Geographical Analysis, 1996, 28(4): 281-298.

[68] BRUNSDON C, FOTHERINGHAM A S, CHARLTON M E. Geographically weighted summary statistics-a framework for localized exploratory data analysis[J]. Computers, Environment and Urban Systems, 2002, 26(6): 501-524.

[69] WHEELER B, RIGBY J E, HURIWAI T. Pokies and poverty: problem gambling risk factor geography in New Zealand[J]. Health & Place, 2006, 12(1): 86-96.

[70] BAI Y, WU L, QIN K, et al. A geographically and temporally weighted regression model for ground-level PM2.5 estimation from satellite-derived 500m resolution AOD[J]. Remote Sensing, 2016, 8(262): 1-21.

[71] YANG Y, LIU J P, XU S. An extended semi-supervised regression approach with co-training and geographical weighted regression: a case study of housing prices in Beijing[J]. International Journal of Geo-Information. 2016, 5(1): 1-12.

[72] FOTHERINGHAM A S, OSHAN T S. Geographically weighted regression and multicollinearity: dispelling the myth[J]. Journal of Geographical Systems, 2016, 18(4):1-27.

[73] WANG N, MEI C L, YAN X D. Local linear estimation of spatially varying coefficient models: an improvement on the geographically weighted regression technique[J]. Environment and Planning A, 2008, 40(4): 986-1005.

[74] MEI C Z, ZHANG W X, YEE L. Statistical inferences for varying-coefficient models based on locally weighted regression technique[J]. Acta Mathematicae Applicatae Sinica (English Series), 2001(3): 407-417.

[75] WU B, LI R R, HUANG B. A geographically and temporally weighted autoregressive model with application to housing prices[J]. International Journal of Geographical Information Science, 2014, 28(5): 1186-1204.

[76] 田彦平, 陶超, 邹峥嵘, 等. 主动学习与图的半监督相结合的高光谱影像分类[J]. 测绘学报, 2015, 44 (8): 919-926.

[77] 邵远杰, 吴国平, 马丽. 属类概率距离构图的半监督高光谱图像分类[J]. 测绘学报, 2014, 43 (11): 1182-1189.

[78] 刘小芳, 何彬彬, 李小文. 基于半监督核模糊 C-均值算法的北京一号小卫星多光谱图像分类[J]. 测绘学报, 2011, 40(3): 301-306.

[79] ZHANG Y S, ZHENG X W, LIU G, et al. Semi-supervised manifold learning based multigraph fusion for high-resolution remote sensing image classification[J]. Geoscience and Remote Sensing Letters, 2014, 11(2): 464-468.

[80] 张晨光, 张燕. 半监督学习[M]. 北京: 中国农业科学技术出版社, 2014.

[81] MILLER D J, UYAR H S. A mixture of experts classifier with learning based on both labelled and unlabelled data [C]. Advances in Neural Information Processing Systems, 1997: 571-577.

[82] BLUM A, MITCHELL T. Combining labeled and unlabeled data with co-training [C]. //proceedings of the 11th annual conference on computational learning theory (ACM), Madison, WI, USA, 1998.

[83] BLUM A, CHAWLA S. Learning from labeled and unlabeled data using graph mincuts [C]. //Proceedings of the 18th international conference on machine learning (ICML'01), San Francisco, CA, 2001: 19-26.

[84] GOLDMAN S, ZHOU Y. 1990. Enhancing supervised learning with unlabeled data [C]. //proceedings of the seventeenth international conference on machine learning. Stanford, CA, USA, 1990.

[85] ZHOU Z H, LI M. 2005. Semi-supervised regression with co-training [C]. //proceedings of 2005 international joint conferences on artificial intelligence, Edinburgh, Scotland, 2005.

[86] DOPIDO I, LI J, MARPU P R, et al. Semisupervised self-learning for hyperspectral image classification [J]. Geoscience and Remote Sensing, 2013, 51(7): 4032-4044.

[87] TAN K, LI E Z, DU Q, et al. An efficient semi-supervised classification approach for hyperspectral imagery [J]. ISPRS Journal of Photogrammetry and Remote Sensing, 2014(97): 36-45.

[88] ZHOU Z H, LI M. Semisupervised regression with cotraining-style algorithms [J]. Transactions on Knowledge & Data Engineering, 2007(19): 1479-1493.

[89] 马蕾, 汪西莉. 基于支持向量机协同训练的半监督回归[J]. 计算机工程与应用, 2011, 47（3）: 177-180.

[90] 黎铭. 单视图协同训练方法的研究[D]. 南京: 南京大学, 2008.

[91] PACE R K, GILLEY O W. Generalizing the OLS and grid estimators [J]. Real estate economics, 1998(26): 331-347.

[92] FOTHERINGHAM A, BRUNSDON C F, CHARLTON M. Geographically weighted regression: the analysis of spatially varying relationship [J]. American journal of agricultural economics, 2004 (86): 554-556.

[93] KELEJIAN H H, PRUCHA I R. Specification and estimation of spatial autoregressive models with autoregressive and heteroskedastic disturbances[J]. Journal of Econometrics, 2010, 157(1): 53-67.

[94] AKAIKE H. ion[J]. IEEE Transactions on Automatic Control, 1974, 19(6):716-723.

[95] WANG N, MEI C, YAN X. Local linear estimation of spatially varying coefficient models: an improvement on the geographically weighted regression technique[J]. Environment and Planning A, 2008, 40(4): 986-1005.

[96] BRUNSDON C, FOTHERINGHAM A S, CHARLTON M E. Some notes on parametric significance tests for geographically weighted regression[J]. Journal of Regional Science, 1999(39): 497-524.

[97] BREIMAN L. Classification and regression trees[J]. Wiley Interdisciplinary Reviews-Data Mining and Knowledge Discovery, 2011, 1(1): 14-23.

[98] LU B, CHARLTON M, HARRIS P, et al. Geographically weighted regression with a non-Euclidean distance metric: a case study using hedonic house price data[J]. International Journal of Geographical Information Science, 2014, 28(4): 660-681.

[99] 吴森森. 地理时空神经网络加权回归理论与方法研究[D]. 杭州: 浙江大学, 2018.

[100] KELEJIAN H H, PRUCHA I R, YUZEFOVICH Y. Estimation problems in models with spatial weighting matrices which have blocks of equal elements[J]. Journal of Regional Science, 2006, 46(3): 507-515.